冯玉增　张爱玲　魏　岚　主编

板栗
病虫草害诊治
生态图谱

Atlas of Diagnosis and Treatment for Disease Pest and Weed Disease of Chestnut

中国林业出版社
CFPH China Forestry Publishing House

编委会

主　　编： 冯玉增　张爱玲　魏　岚

副 主 编：（以姓氏笔画为序）

许丙建　秦海军　黄　华　黄章海

编 著 者： 冯玉增　张爱玲　魏　岚　许丙建　秦海军　黄　华　黄章海

彭　钊　于青松　郑红建

图书在版编目（CIP）数据

板栗病虫草害诊治生态图谱 / 冯玉增，张爱玲，魏岚主编 . -- 北京：中国林业出版社，2019.8

ISBN 978-7-5219-0223-5

Ⅰ . ①板… Ⅱ . ①冯… ②张… ③魏… Ⅲ . ①板栗 – 病虫害防治 – 图谱 Ⅳ . ① S436.64-64

中国版本图书馆 CIP 数据核字 (2019) 第 177652 号

策划编辑： 何增明

责任编辑： 张　华

出版发行 中国林业出版社（100009　北京西城区德内大街刘海胡同 7 号）

电话：（010）83143566

发　　行 中国林业出版社

印　　刷 固安县京平诚乾印刷有限公司

版　　次 2019 年 9 月第 1 版

印　　次 2019 年 9 月第 1 次印刷

开　　本 880mm × 1230mm　1/32

印　　张 7

字　　数 300 千字

定　　价 45.00 元

前 言 Preface

板栗在我国种植历史悠久，栽培范围较广，近年发展迅速，面积增大。由于各地自然条件不同、生态环境复杂多样，导致病虫草害种类繁多，危害严重，对板栗树生产安全构成了直接威胁。由病虫草害引起的品质下降、产量降低以及市场损失更难以计量。防治失当，不合理地使用农药，还会造成果品农药残留超标与环境污染。随着我国人民生活水平的提高，加之我国农产品市场对国际市场的开放程度越来越广，出口量增加，对果品品质、质量安全要求也越来越高。

笔者长期从事果树病虫草害研究与防治技术的推广应用工作，在与果农的长期交往实践中，深知果农到底需要什么，渴望什么。

正确认识病虫草害、科学预防、合理用药，降低成本，是广大果农的迫切需求；吃上高品质的放心果品，减少农药残留影响，是广大消费者的迫切愿望。很多果农对果树病虫草害的诊断与防治技术还较落后。现在很多果树栽培类书，有关病虫草害多局限于文字描述，缺乏详实的生态图谱，即便是从事病虫草害研究和技术推广的专业技术人员，也很难通过阅读文字准确识别；而没有果树病虫草害专业知识的果农，就更不可能通过文字描述正确认识果树的病虫草害，从而进行正确的防治了。

为此，笔者早在 20 多年前就自费数千元，购买了当时较先进的数码相机，深入田间、果园拍照，与果农交朋友，收集他们的经验体会。为正确识别病虫草并拍摄生态图片，查阅了大量的果树专业技术文献。对有些病虫草，请有关专家进行鉴定或征询同行意见。为了找全找齐各个虫态的生态图，采用沙网袋套袋饲养、夜晚观察、特殊天气条件下观察、昆虫周年生活史观察等方法，争取拍摄出理想的各虫态生态图片。对于昆虫尽量拍摄到各虫态的生态图片，对于病害尽量拍摄到不同发病期、树体不同发病部位的生态图片，对于杂草尽量拍摄到从幼苗到成株的各个生长阶段的生态图片。经过多年辛苦和不懈努力，拍摄积累了我国北方十余种落叶果树、数万张果树病虫草害及天敌生态图片。希望通过自己的努力，编写出版一套图像清晰、色彩真实、病状全面、真正实用的果树病虫草害及无公害防治图谱，同时配以简单而贴切的症状文字描述、发生规律和防治方法，让果农一看就懂、一学就会，用药用工少，防治效益好。

本书的编写旨在为果农做点事，为我国北方落叶果树生产做点事，为提高果品产量、改善品质、减少农药残留，为国民果品消费安全，建设生态安全，还绿水青山，尽自己的一份力。决定用 2 年的时间把多年积累的资料编辑成书。

本套丛书包括苹果、梨、石榴、桃、杏、李、柿、枣、核桃、板栗、樱桃、山楂等 12 个分册。每个树种 1 个分册，书中绝大部分照片为田间实拍，清晰度高，色彩逼真。同一种病害尽可能表现在植株不同部位、不同时期的典型症状；同一种害虫尽可能表现出不同虫态，同一虫态尽可能表现不同的龄期、不同的表现型以及害虫危害症状；同一种杂草尽可能表现出从幼苗到成熟期不同的生长龄期；同一种天敌，也尽量提供不同虫态的生态照片。在病虫草害防治方面，坚持“预防为主，综合防治”的农业植保方针，着重介绍最新研究推广的成功经验、新药剂、新方法。

丛书邀请国内在该领域有丰富实践经验的专家共同编写完成。编写内容突破了以往农业科普读物中以语言文字介绍为主的局限性，更多的采用生态图片，形象逼真、通俗易懂、内容科学简要、技术先进实用，使读者可以简明、快捷、准确地诊断病虫草害，适时、科学、正确、合理地开展防治。

全书的编写，也引用、借鉴了同行的部分内容，由于篇幅所限，不一一列出，在此一并感谢。

由于编著者水平所限，加之内容宽泛，书中难免有疏漏和不当之处，敬请同行专家、广大读者朋友批评指正。

冯玉增

2019 年 3 月

目 录 Contents

第 3 章　果园主要杂草识别与防治　/　73

第 4 章　果园害虫主要天敌保护与识别利用　/　99

生态图谱

1-1-1	1-2-1
1-3-1	1-3-2
1-3-3	1-3-4

图 1-1-1　栗实软腐病

图 1-2-1　板栗种仁斑点病

图 1-3-1　板栗黑色实腐病病果

图 1-3-2　板栗黑色实腐病果仁症状

图 1-3-3　板栗黑色实腐病初期症状

图 1-3-4　板栗黑色实腐病后期症状

图 1-4-1　板栗炭疽病栗蓬
图 1-4-2　板栗炭疽病病梢
图 1-4-3　板栗炭疽病病叶
图 1-5-1　板栗白粉病病叶

1-6-1	1-6-2
1-7-1	
1-8-1	1-8-2

图 1-6-1　板栗枯叶病病叶
图 1-6-2　板栗枯叶病植株
图 1-7-1　板栗叶枯病病叶
图 1-8-1　板栗锈病
图 1-8-2　板栗锈病病菌孢子

图 1-9-1　板栗芽枯病病叶

图 1-9-2　板栗芽枯病幼芽

图 1-10-1　板栗枝枯病病枝

图 1-11-1　板栗疫病病干

图 1-11-2　板栗疫病病枝

图 1-11-3　板栗疫病病部表皮开裂

图 1-11-4　板栗疫病病部内部症状

1-12-1	1-13-1
1-14-1	1-15-1

图 1-12-1　板栗干枯病病干
图 1-13-1　板栗膏药病
图 1-14-1　板栗木腐病
图 1-15-1　桑寄生

1-16-1	1-16-2
1-17-1	1-18-1
	1-19-1

图 1-16-1　板栗嫩叶缺硼症

图 1-16-2　板栗老叶缺硼症

图 1-17-1　板栗缺锰症

图 1-18-1　板栗缺镁症

图 1-19-1　板栗赤斑病病叶

2-1-1	2-1-2
	2-1-3
2-2-1	2-2-2
2-2-3	2-2-4

图 2-1-1　栗实象甲成虫
图 2-1-2　栗实象甲幼虫
图 2-1-3　栗实象甲幼虫脱果
图 2-2-1　栗皮夜蛾成虫
图 2-2-2　栗皮夜蛾幼虫
图 2-2-3　栗皮夜蛾幼虫危害栗蓬状
图 2-2-4　栗皮夜蛾蛹

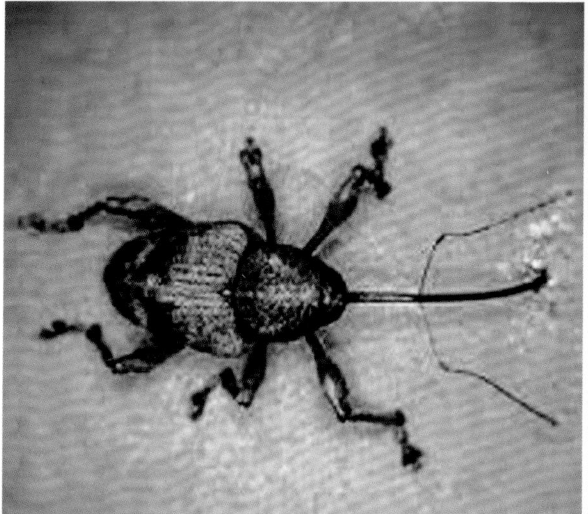

2-3-1	2-3-2
2-4-1	2-4-2

图 2-3-1　栗实蛾幼虫

图 2-3-2　栗实蛾幼虫蛀果孔

图 2-4-1　三纹象甲成虫

图 2-4-2　三纹象甲幼虫

2-5-1	2-5-2
2-5-3	2-5-4
2-5-5	2-5-6

图 2-5-1　桃蛀螟成虫

图 2-5-2　桃蛀螟产卵于石榴萼筒内

图 2-5-3　桃蛀螟幼虫危害板栗果状

图 2-5-4　桃蛀螟茧

图 2-5-5　桃蛀螟蛹

图 2-5-6　性诱剂诱杀桃蛀螟成虫

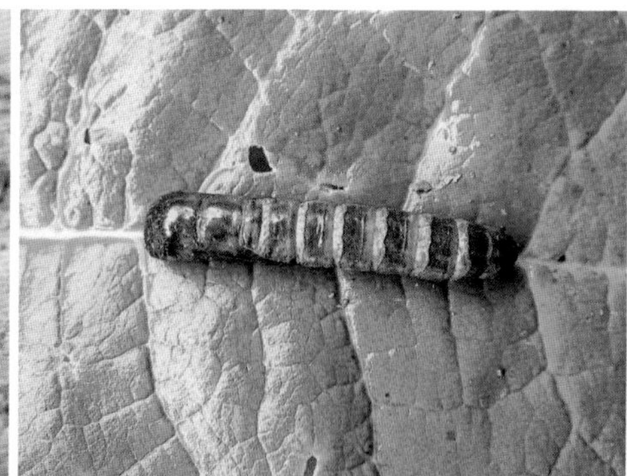

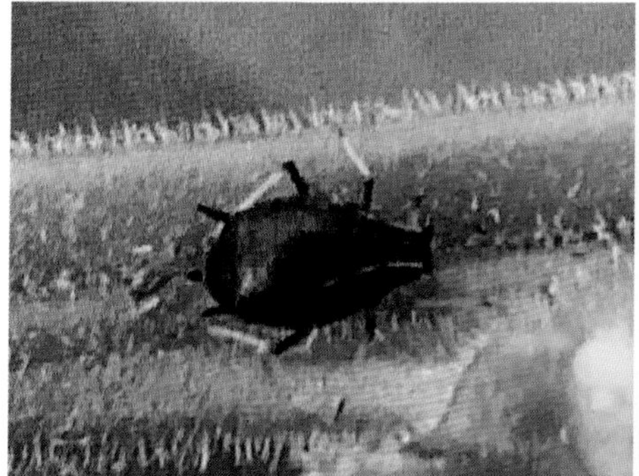

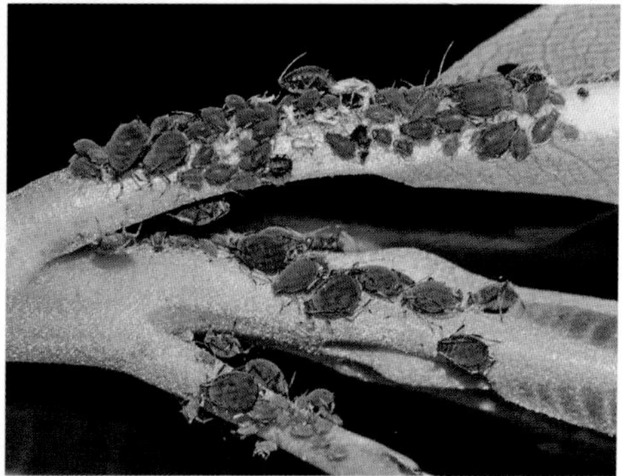

2-6-1	2-6-2
2-7-1	2-7-2
2-7-3	

图 2-6-1 柳蝙蛾成虫

图 2-6-2 柳蝙蛾幼虫

图 2-7-1 栗苞蚜

图 2-7-2 栗苞蚜集中危害

图 2-7-3 栗苞蚜危害嫩梢

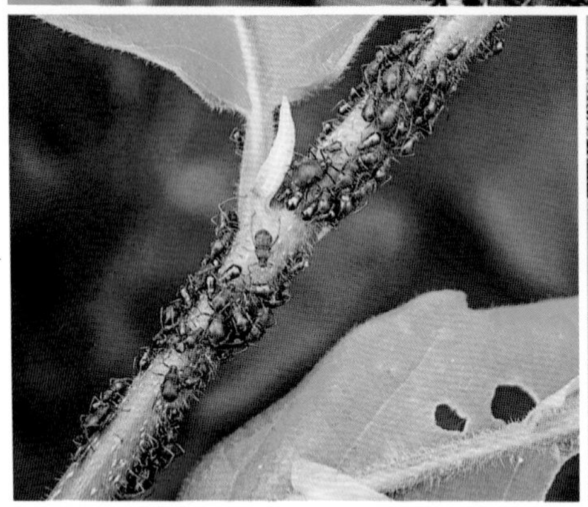

2-8-1	
2-8-2	2-8-3

图 2-8-1　栗大蚜无翅蚜

图 2-8-2　栗大蚜危害嫩枝

图 2-8-3　栗大蚜危害老枝

图 2-9-1　栗斑蚜若蚜

图 2-9-2　栗斑蚜有翅蚜

图 2-9-3　栗斑蚜若蚜

图 2-9-4　栗斑蚜无翅成虫

图 2-10-1　栗瘿蜂成虫

图 2-10-2　栗瘿蜂幼虫

图 2-10-3　栗瘿蜂虫瘿

2-11-1
2-11-2
2-11-3
2-11-4

图 2-11-1　栗黄枯叶蛾成虫
图 2-11-2　栗黄枯叶蛾幼虫
图 2-11-3　栗黄枯叶蛾幼虫腹面观
图 2-11-4　栗黄枯叶蛾茧

2-12-1	2-12-2
2-12-3	2-12-4
2-12-5	

图 2-12-1　栗毒蛾雄成虫

图 2-12-2　栗毒蛾雌成虫

图 2-12-3　栗毒蛾幼虫

图 2-12-4　栗毒蛾茧

图 2-12-5　栗毒蛾雌成虫产卵

图 2-13-1　栗小爪螨

图 2-13-2　栗小爪螨危害叶背面

图 2-14-1　栗瘿螨叶上虫瘿

图 2-14-2　栗瘿螨危害状

图 2-15-1　栎粉舟蛾幼虫

2-16-1	2-16-2
2-16-3	2-16-4
2-16-5	

图 2-16-1　栗舟蛾成虫
图 2-16-2　栗舟蛾卵
图 2-16-3　栗舟蛾低龄幼虫
图 2-16-4　栗舟蛾成龄幼虫
图 2-16-5　栗舟蛾幼虫危害状

2-17-1	2-17-2
2-17-3	2-18-1
2-18-2	2-18-3

图 2-17-1　花布灯蛾成虫
图 2-17-2　花布灯蛾幼虫
图 2-17-3　花布灯蛾幼虫危害状
图 2-18-1　角纹卷叶蛾成虫
图 2-18-2　角纹卷叶蛾幼虫
图 2-18-3　角纹卷叶蛾危害状

2-19-1	2-19-2
2-19-3	2-19-4
2-19-5	2-19-6

图 2-19-1　栗天蚕成虫
图 2-19-2　栗天蚕卵
图 2-19-3　栗天蚕低龄幼虫
图 2-19-4　栗天蚕幼虫
图 2-19-5　栗天蚕幼虫侧面观
图 2-19-6　栗天蚕茧

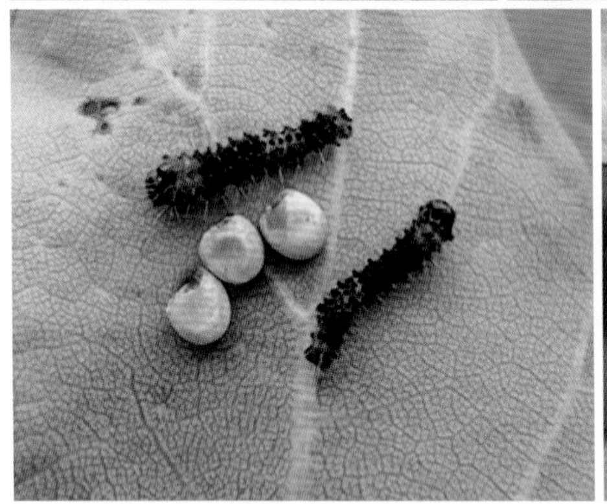

2-20-1	2-20-2
2-20-3	
2-20-4	2-20-5

图 2-20-1　绿尾大蚕蛾雌成虫
图 2-20-2　绿尾大蚕蛾成虫交尾
图 2-20-3　绿尾大蚕蛾卵
图 2-20-4　绿尾大蚕蛾初孵幼虫
图 2-20-5　绿尾大蚕蛾 3 龄前幼虫

图 2-20-6　绿尾大蚕蛾 4 龄幼虫
图 2-20-7　绿尾大蚕蛾成龄幼虫
图 2-20-8　绿尾大蚕蛾夏茧
图 2-20-9　绿尾大蚕蛾越冬茧
图 2-20-10　绿尾大蚕蛾蛹

图 2-21-1　茶蓑蛾雄成虫
图 2-21-2　茶蓑蛾雌成虫
图 2-21-3　茶蓑蛾成虫交尾
图 2-21-4　茶蓑蛾幼虫
图 2-21-5　茶蓑蛾囊
图 2-21-6　茶蓑蛾蛹
图 2-21-7　茶蓑蛾雄成虫羽化蛹壳外露

2-22-1
2-22-2
2-22-3

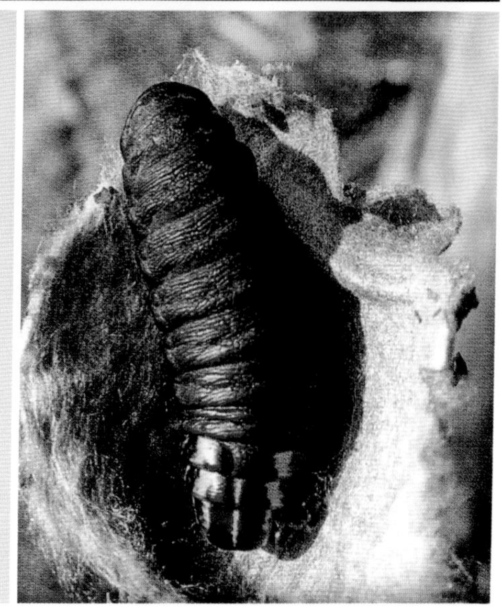

图 2-22-1　大袋蛾囊
图 2-22-2　大袋蛾雄成虫羽化蛹壳外露
图 2-22-3　大袋蛾幼虫

2-23-1	2-23-2
2-23-3	2-23-4
2-23-5	2-23-6

图 2-23-1　白囊蓑蛾雄成虫
图 2-23-2　白囊蓑蛾雌成虫
图 2-23-3　白囊蓑蛾囊
图 2-23-4　白囊蓑蛾蛹
图 2-23-5　白囊蓑蛾雄蛾羽化蛹壳外露
图 2-23-6　白囊蓑蛾幼虫

2-24-1	2-24-2
2-24-3	2-24-4
2-24-5	2-24-6

图 2-24-1　黄刺蛾成虫
图 2-24-2　黄刺蛾成虫交尾
图 2-24-3　黄刺蛾卵
图 2-24-4　黄刺蛾低龄幼虫群集危害
图 2-24-5　黄刺蛾中龄幼虫
图 2-24-6　黄刺蛾成龄幼虫

2-24-7	2-24-8
2-24-9	2-24-10
2-24-11	

图 2-24-7　黄刺蛾老龄幼虫

图 2-24-8　黄刺蛾茧

图 2-24-9　黄刺蛾蛹

图 2-24-10　黄刺蛾羽化茧

图 2-24-11　黄刺蛾茧被寄生

2-25-1	2-25-2
2-25-3	2-25-4
2-25-5	2-25-6

图 2-25-1　白眉刺蛾成虫
图 2-25-2　白眉刺蛾低龄幼虫
图 2-25-3　白眉刺蛾中龄幼虫
图 2-25-4　白眉刺蛾成龄幼虫
图 2-25-5　白眉刺蛾夏茧
图 2-25-6　白眉刺蛾越冬茧

2-26-1		2-26-2
2-26-3	2-26-4	2-26-5
2-26-6	2-26-7	2-26-8

图 2-26-1　丽绿刺蛾成虫
图 2-26-2　丽绿刺蛾成虫交尾
图 2-26-3　丽绿刺蛾初孵幼虫
图 2-26-4　丽绿刺蛾低龄幼虫危害状
图 2-26-5　丽绿刺蛾茧
图 2-26-6　丽绿刺蛾蛹
图 2-26-7　丽绿刺蛾成虫羽化蛹壳外露
图 2-26-8　丽绿刺蛾成龄幼虫

图 2-27-1　扁刺蛾成虫
图 2-27-2　扁刺蛾卵
图 2-27-3　扁刺蛾幼龄幼虫
图 2-27-4　扁刺蛾中龄幼虫
图 2-27-5　扁刺蛾大龄幼虫
图 2-27-6　扁刺蛾成龄幼虫
图 2-27-7　扁刺蛾茧

2-28-1	2-28-2
2-28-3	2-28-4
2-28-5	2-29-1
	2-29-2

图 2-28-1　金毛虫成虫
图 2-28-2　金毛虫成虫腹末黄毛
图 2-28-3　金毛虫卵块
图 2-28-4　金毛虫幼虫
图 2-28-5　金毛虫茧
图 2-29-1　茶长卷叶蛾蛹壳（上）及成虫（下）
图 2-29-2　茶长卷叶蛾幼虫

图 2-30-1　舟形毛虫成虫
图 2-30-2　舟形毛虫卵
图 2-30-3　舟形毛虫幼龄幼虫群集危害
图 2-30-4　舟形毛虫中龄幼虫群集危害
图 2-30-5　舟形毛虫成龄幼虫群集危害
图 2-30-6　舟形毛虫幼虫背面观
图 2-30-7　舟形毛虫幼虫侧面观
图 2-30-8　舟形毛虫蛹

2-31-1	2-31-2
2-31-3	2-31-4
2-31-5	2-31-6

图 2-31-1　折带黄毒蛾成虫
图 2-31-2　折带黄毒蛾低龄幼虫群集危害
图 2-31-3　折带黄毒蛾中龄幼虫
图 2-31-4　折带黄毒蛾成龄幼虫
图 2-31-5　折带黄毒蛾老龄幼虫
图 2-31-6　折带黄毒蛾蛹

图 2-32-1　舞毒蛾雄成虫
图 2-32-2　舞毒蛾雌成虫及卵块
图 2-32-3　舞毒蛾成虫（上雌下雄）交尾
图 2-32-4　舞毒蛾卵块
图 2-32-5　舞毒蛾幼虫
图 2-33-1　褐角肩网蝽成虫
图 2-33-2　褐角肩网蝽若虫

图 2-34-1　硕蝽成虫
图 2-34-2　硕蝽成虫交尾
图 2-34-3　硕蝽成虫羽化
图 2-34-4　硕蝽初羽化成虫
图 2-34-5　硕蝽低龄若虫
图 2-34-6　硕蝽中龄若虫
图 2-34-7　硕蝽成龄若虫

图 2-35-1　栗剪枝象甲危害状
图 2-36-1　大灰象甲成虫
图 2-36-2　大灰象甲成虫交尾状
图 2-37-1　木橑尺蠖成虫
图 2-37-2　木橑尺蠖幼虫
图 2-38-1　黑额光叶甲
图 2-38-2　黑额光叶甲成虫交尾

2-39-1 2-39-2 2-39-3
2-40-1 2-40-2
2-41-1 2-41-2 2-41-3

图 2-39-1　铜绿金龟成虫
图 2-39-2　铜绿金龟成虫交尾状
图 2-39-3　铜绿金龟幼虫（蛴螬）
图 2-40-1　苹毛丽金龟成虫
图 2-40-2　苹毛丽金龟幼虫（蛴螬）
图 2-41-1　小青花金龟成虫
图 2-41-2　小青花金龟成虫羽化
图 2-41-3　小青花金龟蛹及幼虫（蛴螬）

图 2-42-1　樟蚕成虫
图 2-42-2　樟蚕卵
图 2-42-3　樟蚕低龄幼虫
图 2-42-4　樟蚕幼虫背面观
图 2-42-5　樟蚕幼虫侧面观
图 2-42-6　樟蚕幼虫及茧

2-43-1	2-43-2
2-43-3	2-44-1
2-44-2	2-44-3

图 2-43-1　板栗巢沫蝉成虫
图 2-43-2　板栗巢沫蝉若虫
图 2-43-3　板栗巢沫蝉若虫分泌的泡沫状胶液
图 2-44-1　八点广翅蜡蝉成虫
图 2-44-2　八点广翅蜡蝉害危害枝
图 2-44-3　八点广翅蜡蝉若虫

2-45-1	2-45-2
2-45-3	2-45-4

图 2-45-1　柿广翅蜡蝉成虫

图 2-45-2　柿广翅蜡蝉成虫产卵

图 2-45-3　柿广翅蜡蝉产卵枝

图 2-45-4　柿广翅蜡蝉若虫

2-46-1	2-46-2
2-46-3	2-46-4
2-46-5	

图 2-46-1　大青叶蝉成虫

图 2-46-2　大青叶蝉成虫产卵

图 2-46-3　大青叶蝉卵

图 2-46-4　大青叶蝉若虫

图 2-46-5　大青叶蝉若虫蜕皮

图 2-47-1　六星吉丁虫成虫
图 2-47-2　六星吉丁虫幼虫
图 2-47-3　六星吉丁虫蛹
图 2-47-4　六星吉丁虫危害孔
图 2-48-1　栗绛蚧
图 2-48-2　栗绛蚧危害状

图 2-49-1　栗链蚧雌蚧

图 2-49-2　栗链蚧危害枝干状

图 2-50-1　草履蚧雄成虫

图 2-50-2　草履蚧雌成虫

图 2-50-3　草履蚧初羽化雌成虫

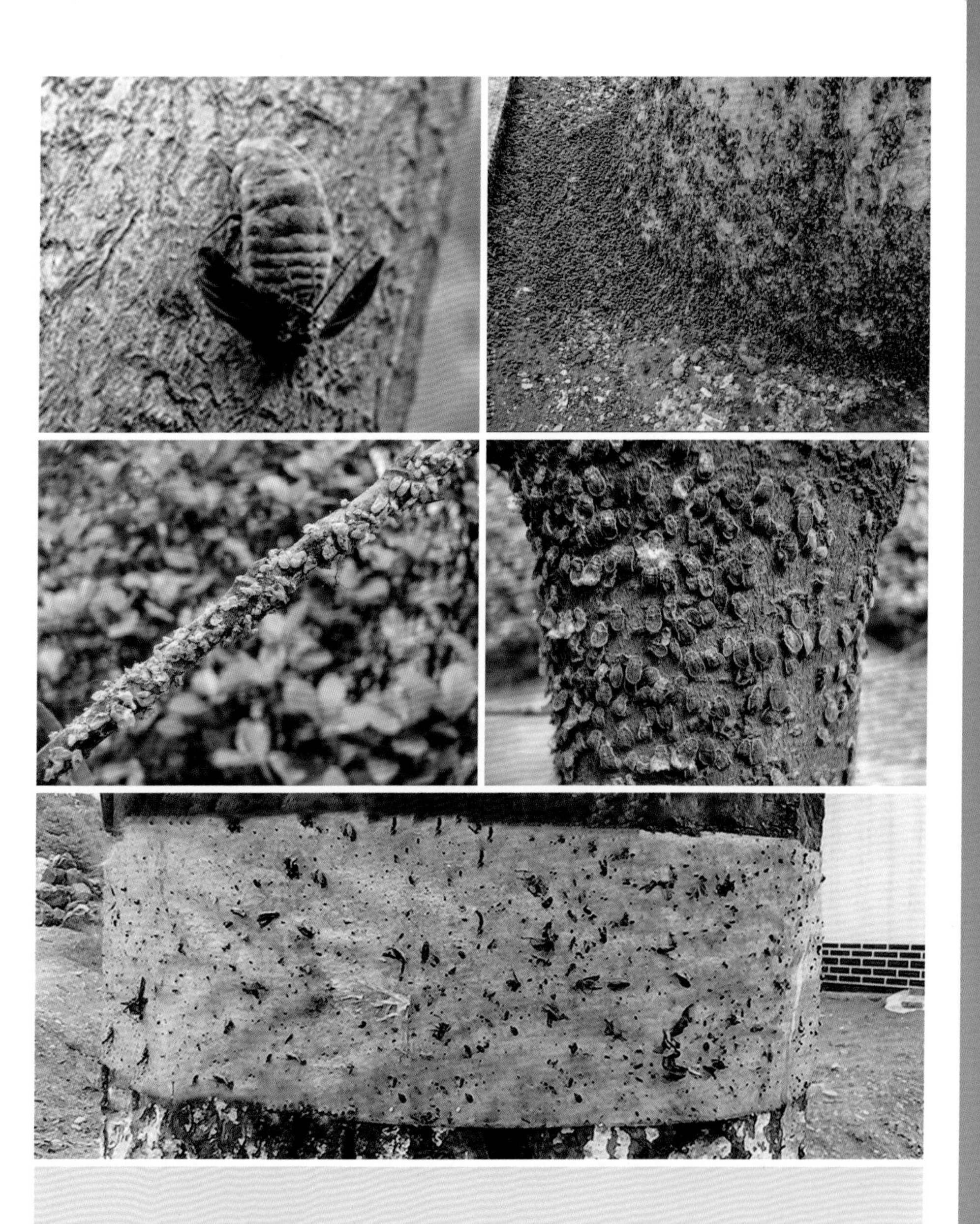

2-50-4	2-50-5
2-50-6	2-50-7
2-50-8	

图 2-50-4　草履蚧成虫交尾

图 2-50-5　草履蚧成虫下树产卵越夏

图 2-50-6　草履蚧危害小枝状

图 2-50-7　草履蚧危害干状

图 2-50-8　黄色黏虫纸缠树干阻草履蚧雌虫上树

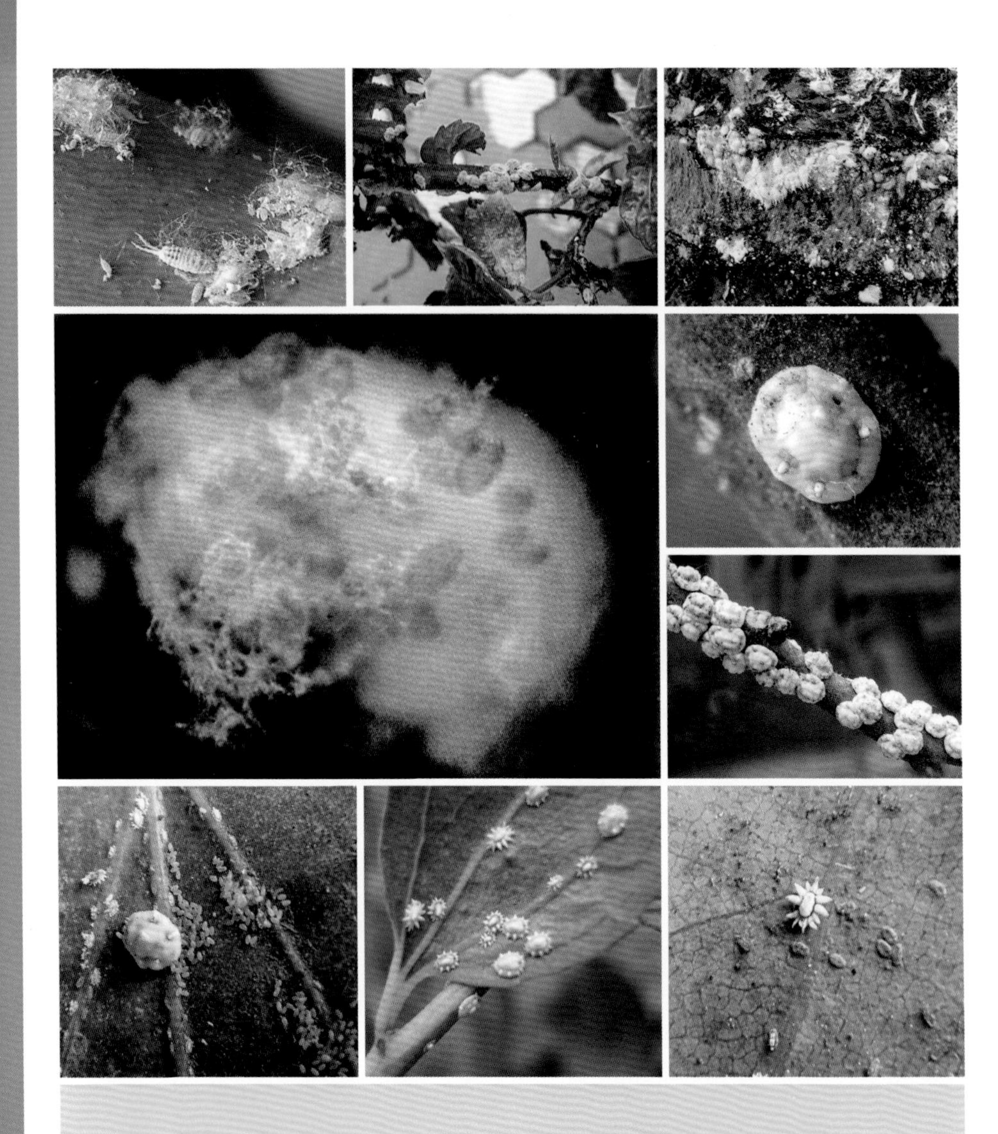

2-51-1	2-51-2	2-51-3
2-51-4		2-52-1
		2-52-2
2-52-3	2-52-4	2-52-5

图 2-51-1　康氏粉蚧雌成虫

图 2-51-2　康氏粉蚧集中危害枝条状

图 2-51-3　康氏粉蚧危害树干

图 2-51-4　康氏粉蚧卵

图 2-52-1　枣龟蜡蚧雌蚧

图 2-52-2　枣龟蜡蚧雌蚧危害枝干

图 2-52-3　枣龟蜡蚧雌蚧及卵

图 2-52-4　枣龟蜡蚧雄虫介壳

图 2-52-5　枣龟蜡雌、雄蚧危害叶

2-53-1	2-53-2
2-54-1	2-54-2
2-54-3	2-54-4

图 2-53-1　板栗透翅蛾成虫
图 2-53-2　板栗透翅蛾幼虫及危害状
图 2-54-1　栗山天牛成虫
图 2-54-2　栗山天牛幼虫危害状
图 2-54-3　栗山天牛危害状
图 2-54-4　栗山天牛蛹

2-55-1	2-55-2	
2-56-1	2-56-2	2-56-3
2-56-4	2-56-5	2-56-6

图 2-55-1　薄翅锯天牛成虫

图 2-55-2　薄翅锯天牛成虫羽化孔

图 2-56-1　核桃天牛成虫

图 2-56-2　核桃天牛成虫交尾

图 2-56-3　核桃天牛成虫危害状

图 2-56-4　核桃天牛成虫羽化后从羽化孔出孔

图 2-56-5　核桃天牛卵

图 2-56-6　核桃天牛幼虫

2-57-1	2-59-1
2-57-2	2-59-2
2-58-1	2-59-3

图 2-57-1　柳干木蠹蛾成虫
图 2-57-2　柳干木蠹蛾幼虫
图 2-58-1　光滑材小蠹成虫
图 2-59-1　六星黑点蠹蛾成虫
图 2-59-2　六星黑点蠹蛾幼虫及危害状
图 2-59-3　六星黑点蠹蛾蛹

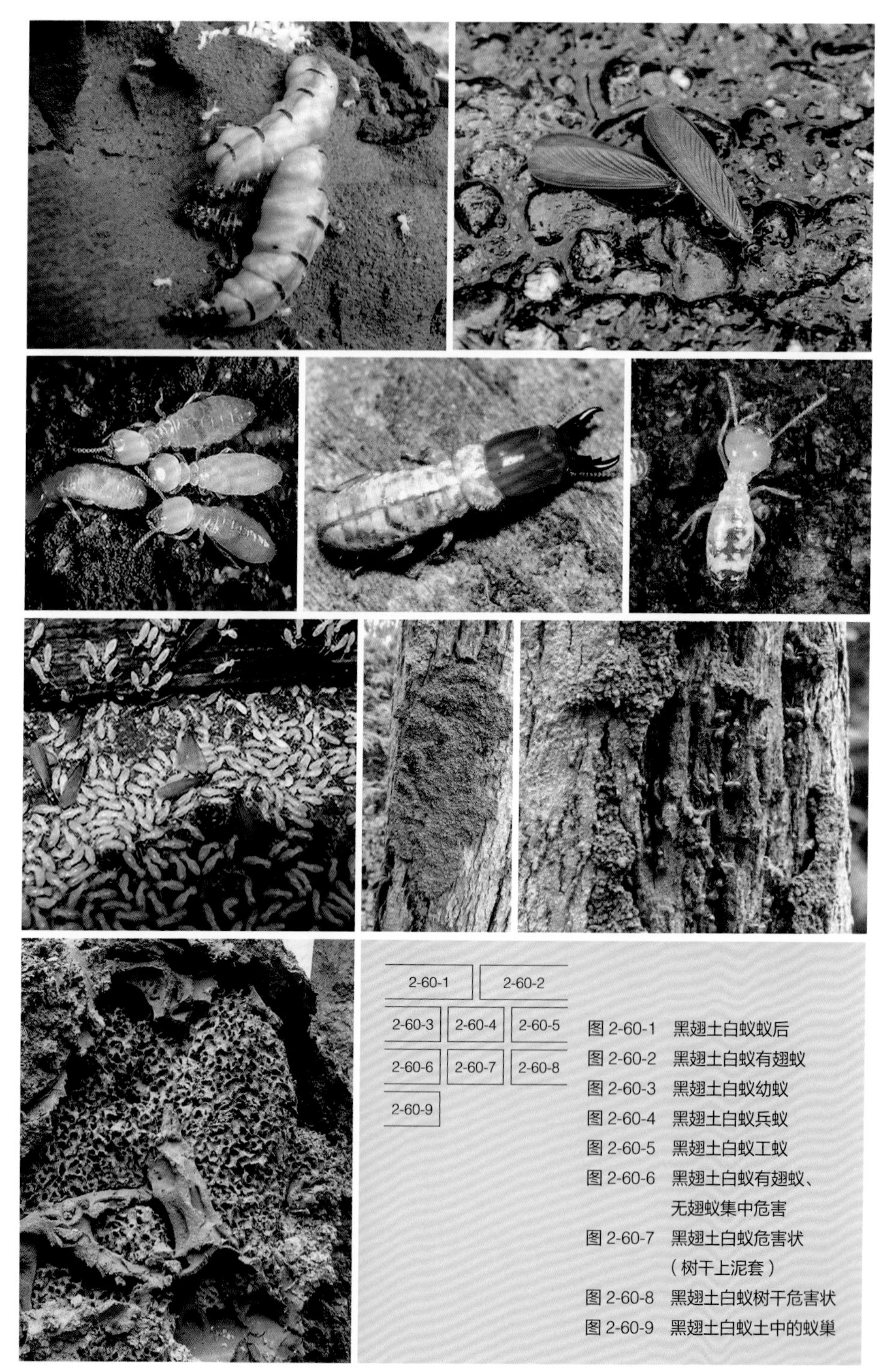

图 2-60-1　黑翅土白蚁蚁后
图 2-60-2　黑翅土白蚁有翅蚁
图 2-60-3　黑翅土白蚁幼蚁
图 2-60-4　黑翅土白蚁兵蚁
图 2-60-5　黑翅土白蚁工蚁
图 2-60-6　黑翅土白蚁有翅蚁、无翅蚁集中危害
图 2-60-7　黑翅土白蚁危害状（树干上泥套）
图 2-60-8　黑翅土白蚁树干危害状
图 2-60-9　黑翅土白蚁土中的蚁巢

2-61-1		2-61-2
2-61-3	2-61-4	2-61-5
2-61-6	2-61-7	2-61-8
		2-61-9

图 2-61-1　黑蝉成虫
图 2-61-2　黑蝉卵
图 2-61-3　黑蝉若虫
图 2-61-4　黑蝉成虫羽化
图 2-61-5　黑蝉成虫羽化
图 2-61-6　黑蝉成虫羽化
图 2-61-7　黑蝉初羽成虫
图 2-61-8　黑蝉蝉蜕
图 2-61-9　黑蝉感病

图 2-62-1　褐刺蛾成虫
图 2-62-2　褐刺蛾低龄幼虫
图 2-62-3　褐刺蛾红色型成龄幼虫
图 2-62-4　褐刺蛾黄色型成龄幼虫
图 2-62-5　褐刺蛾夏茧
图 2-62-6　褐刺蛾越冬茧
图 2-62-7　褐刺蛾成虫羽化茧

2-63-1	2-63-2
2-63-3	

图 2-63-1　枯叶夜蛾成虫
图 2-63-2　枯叶夜蛾幼虫
图 2-63-3　枯叶夜蛾蛹

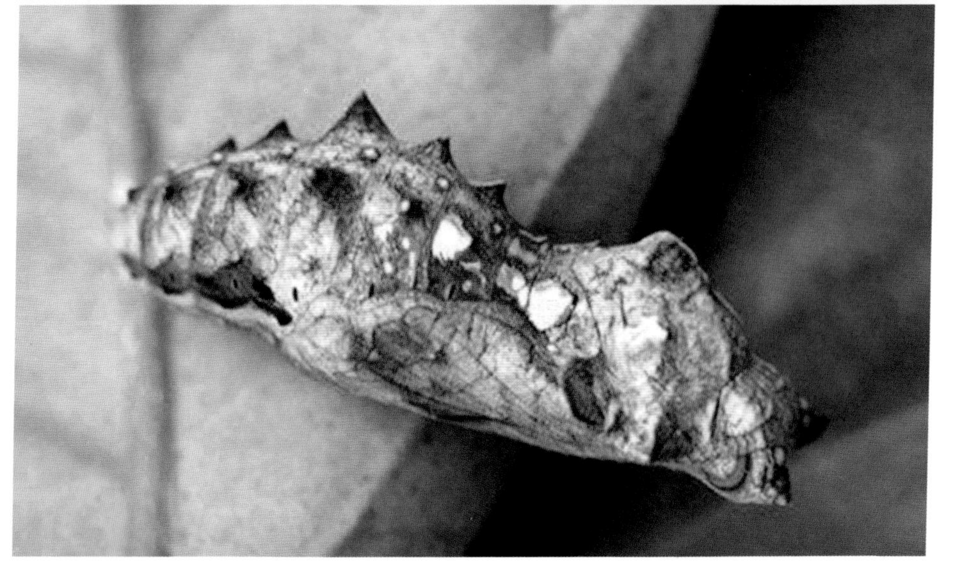

2-64-1	2-64-2
2-64-3	2-64-4
2-64-5	2-64-6

图 2-64-1　柳毒蛾成虫
图 2-64-2　柳毒蛾成虫交尾状
图 2-64-3　柳毒蛾幼虫
图 2-64-4　柳毒蛾老龄幼虫
图 2-64-5　柳毒蛾蛹
图 2-64-6　柳毒蛾蛹

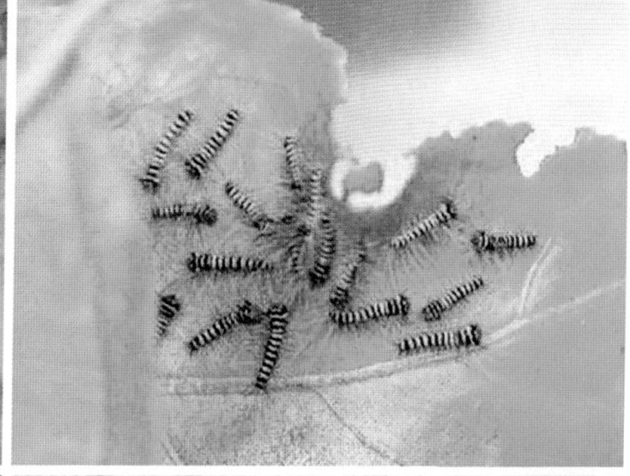

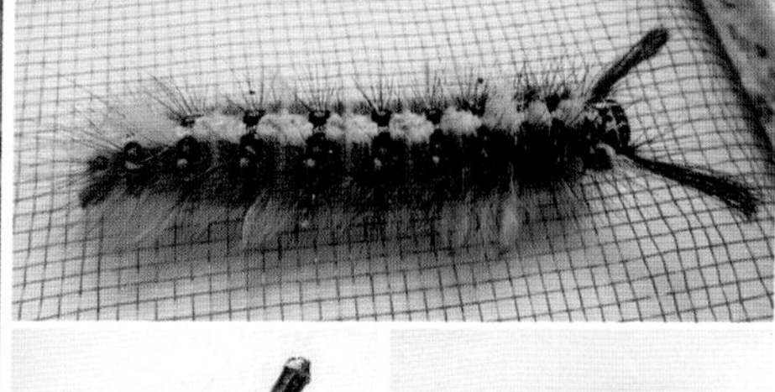

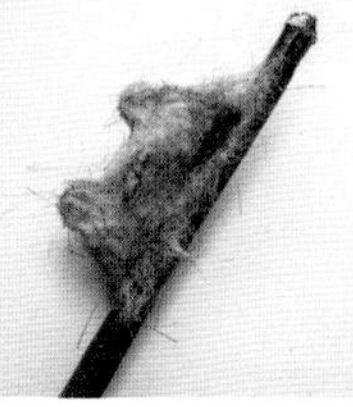

2-65-1	2-65-2
2-65-3	2-65-4
2-65-5	2-65-6
	2-65-7 2-65-8

图 2-65-1　青黄枯叶蛾成虫背面

图 2-65-2　青黄枯叶蛾成虫腹面

图 2-65-3　青黄枯叶蛾卵及初孵幼虫

图 2-65-4　青黄枯叶蛾低龄幼虫

图 2-65-5　青黄枯叶蛾幼虫

图 2-65-6　青黄枯叶蛾幼虫腹面观

图 2-65-7　青黄枯叶蛾茧

图 2-65-8　青黄枯叶蛾蛹

2-66-1	2-66-2
2-66-3	2-67-1
2-67-2	

图 2-66-1　艳叶夜蛾成虫
图 2-66-2　艳叶夜蛾幼虫
图 2-66-3　艳叶夜蛾蛹
图 2-67-1　油桐尺蠖成虫
图 2-67-2　油桐尺蠖幼虫

图 2-68-1　嘴壶夜蛾成虫侧面观
图 2-68-2　嘴壶夜蛾成虫背面观
图 2-68-3　嘴壶夜蛾幼虫背面观
图 2-68-4　嘴壶夜蛾幼虫侧面观
图 2-68-5　嘴壶夜蛾幼虫腹面观
图 2-68-6　嘴壶夜蛾蛹
图 2-69-1　栗六点天蛾成虫

3-1-1	3-1-2
3-1-3	3-2-1
3-2-2	3-2-3

图 3-1-1　通泉草 1
图 3-1-2　通泉草 2
图 3-1-3　通泉草 3
图 3-2-1　野胡萝卜 1
图 3-2-2　野胡萝卜 2
图 3-2-3　野胡萝卜 3

图 3-3-1 朝天委陵菜 1
图 3-3-2 朝天委陵菜 2
图 3-3-3 朝天委陵菜 3
图 3-4-1 大蓟 1
图 3-4-2 大蓟 2

图 3-5-1　节节草 1
图 3-5-2　节节草 2
图 3-6-1　苦苣菜 1
图 3-6-2　苦苣菜 2
图 3-6-3　苦苣菜 3
图 3-6-4　苦苣菜 4

3-7-1	3-7-2
	3-7-3
	3-7-4

图 3-7-1　野芹菜 1
图 3-7-2　野芹菜 2
图 3-7-3　野芹菜 3
图 3-7-4　野芹菜 4

3-8-1	3-9-1
3-8-2	3-9-2
3-8-3	3-9-3
	3-9-4

图 3-8-1　石龙芮 1
图 3-8-2　石龙芮 2
图 3-8-3　石龙芮 3

图 3-9-1　蒲公英 1
图 3-9-2　蒲公英 2
图 3-9-3　蒲公英 3
图 3-9-4　蒲公英 4

图 3-10-1　紫苏 1
图 3-10-2　紫苏 2
图 3-10-3　紫苏 3
图 3-10-4　紫苏 4
图 3-11-1　薄荷 1
图 3-11-2　薄荷 2
图 3-11-3　薄荷 3

图 3-12-1　灰绿藜 1
图 3-12-2　灰绿藜 2
图 3-13-1　稻槎菜 1
图 3-13-2　稻槎菜 2
图 3-13-3　稻槎菜 3

图 3-14-1　冬葵 1
图 3-14-2　冬葵 2
图 3-14-3　冬葵 3
图 3-14-4　冬葵 4
图 3-14-5　冬葵 5

3-15-1	3-15-2
3-15-3	3-15-4

图 3-15-1　火麻 1
图 3-15-2　火麻 2
图 3-15-3　火麻 3
图 3-15-4　火麻 4

3-16-1	3-17-1
3-16-2	3-17-2
3-16-3	3-17-3

图 3-16-1　金狗尾草 1
图 3-16-2　金狗尾草 2
图 3-16-3　金狗尾草 3
图 3-17-1　马兜铃 1
图 3-17-2　马兜铃 2
图 3-17-3　马兜铃 3

3-18-1	3-18-3
3-18-2	
3-19-1	3-19-2

图 3-18-1　野鸡冠花 1

图 3-18-2　野鸡冠花 2

图 3-18-3　野鸡冠花 3

图 3-19-1　日本菟丝子 1

图 3-19-2　日本菟丝子 2

3-20-1	3-20-2
3-21-1	
	3-21-2

图 3-20-1　稀莶草 1

图 3-20-2　稀莶草 2

图 3-21-1　香薷 1

图 3-21-2　香薷 2

3-22-1	3-22-2
3-22-3	3-22-4
3-22-5	3-22-6

图 3-22-1　洋金花 1
图 3-22-2　洋金花 2
图 3-22-3　洋金花 3
图 3-22-4　洋金花 4
图 3-22-5　洋金花 5
图 3-22-6　洋金花 6

3-23-1 | 3-23-2
3-24-1 |
3-24-2 | 3-24-3

图 3-23-1　百日草 1
图 3-23-2　百日草 2
图 3-24-1　宝盖草 1
图 3-24-2　宝盖草 2
图 3-24-3　宝盖草 3

3-25-1	3-25-2	
3-25-3	3-26-1	
3-26-2	3-26-3	3-26-4

图 3-25-1　狗娃花 1
图 3-25-2　狗娃花 2
图 3-25-3　狗娃花 3
图 3-26-1　马鞭草 1
图 3-26-2　马鞭草 2
图 3-26-3　马鞭草 3
图 3-26-4　马鞭草 4

3-27-1	3-28-1
3-27-2	3-28-2
3-27-3	3-28-3

图 3-27-1　柔弱斑种草 1　　图 3-28-1　夏枯草 1
图 3-27-2　柔弱斑种草 2　　图 3-28-2　夏枯草 2
图 3-27-3　柔弱斑种草 3　　图 3-28-3　夏枯草 3

3-29-1	3-29-2
3-29-3	3-29-4
3-29-5	3-29-6

图 3-29-1　早开堇菜 1
图 3-29-2　早开堇菜 2
图 3-29-3　早开堇菜 3
图 3-29-4　早开堇菜 4
图 3-29-5　早开堇菜 5
图 3-29-6　早开堇菜 6

3-30-1 3-30-2 3-30-3
3-31-1 3-31-2
3-31-3 3-31-4

图 3-30-1　紫苜蓿 1
图 3-30-2　紫苜蓿 2
图 3-30-3　紫苜蓿 3

图 3-31-1　簇生卷耳 1
图 3-31-2　簇生卷耳 2
图 3-31-3　簇生卷耳 3
图 3-31-4　簇生卷耳 4

图 3-32-1　聚合草 1

图 3-32-2　聚合草 2

图 3-32-3　聚合草 3

图 3-32-4　聚合草 4

图 3-32-5　聚合草 5

3-33-1	3-33-2
	3-33-4
3-33-3	3-33-5

图 3-33-1　白茅 1
图 3-33-2　白茅 2
图 3-33-3　白茅 3
图 3-33-4　白茅 4
图 3-33-5　白茅 5

3-34-1	3-34-2
3-34-3	3-34-4
3-34-5	3-34-6

图 3-34-1　苍耳 1
图 3-34-2　苍耳 2
图 3-34-3　苍耳 3
图 3-34-4　苍耳 4
图 3-34-5　苍耳 5
图 3-34-6　苍耳 6

3-35-1	3-35-2
	3-35-3
	3-35-4

图 3-35-1　野燕麦 1
图 3-35-2　野燕麦 2
图 3-35-3　野燕麦 3
图 3-35-4　野燕麦 4

3-36-1	3-36-2
3-36-3	3-36-4
3-37-1	3-37-2

图 3-36-1　播娘蒿 1

图 3-36-2　播娘蒿 2

图 3-36-3　播娘蒿 3

图 3-36-4　播娘蒿 4

图 3-37-1　鸭跖草 1

图 3-37-2　鸭跖草 2

3-38-1	3-39-1
3-38-2	3-39-2
3-38-3	3-39-3

图 3-38-1　婆婆纳 1　　图 3-39-1　麦蓝菜 1

图 3-38-2　婆婆纳 2　　图 3-39-2　麦蓝菜 2

图 3-38-3　婆婆纳 3　　图 3-39-3　麦蓝菜 3

3-40-1	3-40-2
3-40-3	3-40-4
3-40-5	3-40-6

图 3-40-1　棒头草 1
图 3-40-2　棒头草 2
图 3-40-3　棒头草 3
图 3-40-4　棒头草 4
图 3-40-5　棒头草 5
图 3-40-6　棒头草 6

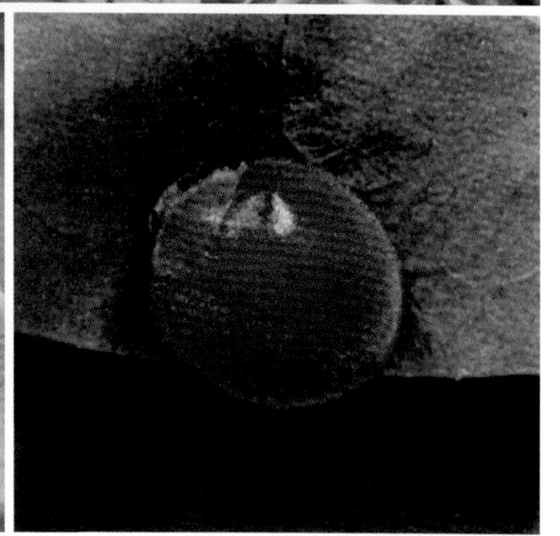

4-1-1	4-1-2
	4-1-3
4-1-4	4-1-5

图 4-1-1　七星瓢虫成虫
图 4-1-2　七星瓢虫幼虫
图 4-1-3　七星瓢虫食蚜
图 4-1-4　七星瓢虫成虫
图 4-1-5　大红瓢虫

4-1-6	4-1-7
4-1-8	

图 4-1-6　二星瓢虫

图 4-1-7　四星瓢虫成虫

图 4-1-8　四星瓢虫成虫捕食蚜虫

4-2-1	4-2-2
	4-2-3
	4-2-4

图 4-2-1　草青蛉成虫
图 4-2-2　草青蛉幼虫
图 4-2-3　草青蛉卵
图 4-2-4　草蛉幼虫捕食蚜虫

4-3-1	4-3-2
4-3-3	4-3-4

图 4-3-1　桃粉蚜被蚜茧蜂寄生变黑
图 4-3-2　茧蜂寄生栗六点天蛾幼虫
图 4-3-3　茧蜂寄生绿尾大蚕蛾幼虫
图 4-3-4　黄刺蛾茧被茧蜂寄生

4-3-5	4-3-6
4-3-7	
	4-3-8

图 4-3-5　小茧蜂幼虫寄生鳞翅目幼虫
图 4-3-6　上海青蜂成虫交尾状
图 4-3-7　天敌姬蜂成虫
图 4-3-8　金小蜂寄生柑橘凤蝶蛹羽化孔

图 4-4-1　钝绥螨（上）捕食红蜘蛛
图 4-5-1　蜘蛛结网
图 4-5-2　绿蜘蛛
图 4-5-3　长腿蜘蛛
图 4-5-4　蜘蛛若虫

4-5-5	4-5-6
4-5-7	4-5-8

图 4-5-5　蜘蛛成蛛

图 4-5-6　蜘蛛猎杀食蚜蝇

图 4-5-7　绿蜘蛛捕食斑柿斑叶蝉成虫

图 4-5-8　蜘蛛

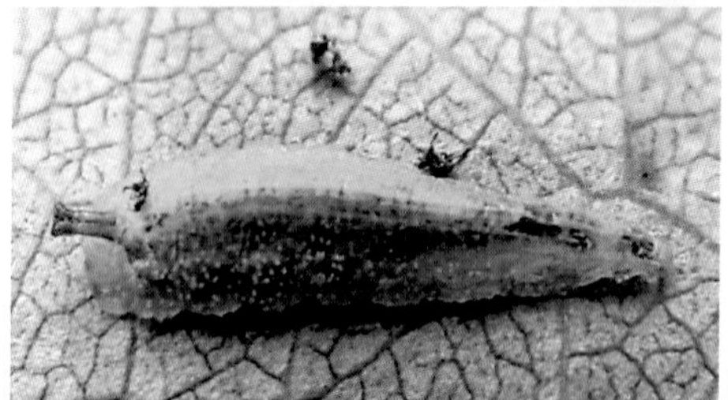

4-6-1
4-6-2
4-6-3
4-6-4

图 4-6-1　黑带食蚜蝇
图 4-6-2　羽芒宽盾食蚜蝇
图 4-6-3　食蚜蝇幼虫
图 4-6-4　黑带食蚜蝇幼虫捕食蚜虫

4-7-1

4-7-2

4-7-3

图 4-7-1　光肩猎蝽成虫

图 4-7-2　光肩猎蝽若虫

图 4-7-3　小花蝽若虫捕食红蜘蛛

4-8-1

4-8-2

4-8-3

图 4-8-1　螳螂成虫
图 4-8-2　螳螂茧
图 4-8-3　螳螂捕食黑蝉

4-9-1	
4-9-2	
4-12-1	4-12-2

图 4-9-1　白僵菌致鳞翅目幼虫死亡状

图 4-9-2　寄生蝇寄生石榴茎窗蛾蛹

图 4-12-1　戴胜

图 4-12-2　喜鹊巢

图 4-12-3　大山雀
图 4-12-4　啄木鸟
图 4-12-5　灰喜鹊
图 4-13-1　青蛙
图 4-13-2　蟾蜍

5-1-1 5-1-2
5-2-1

图 5-1-1 太阳能能源频振式杀虫灯
图 5-1-2 交流电源频振式杀虫灯
图 5-2-1 大棚内黄色黏虫板

5-3-1	5-3-2
5-3-3	

图 5-3-1　黏虫带阻尺蠖上树

图 5-3-2　树干上黏虫带

图 5-3-3　树干上缠普通塑料薄膜阻虫

5-4-1	5-5-1
	5-6-1
5-6-2	

图 5-4-1　涂捕虫圈
图 5-5-1　防虫网
图 5-6-1　盲蝽诱捕器
图 5-6-2　诱捕器

	5-7-1
	5-7-2
5-8-1	5-7-3

图 5-7-1　白色木浆纸袋
图 5-7-2　白色无纺布袋
图 5-7-3　双层纸袋
图 5-8-1　释放天敌寄生蜂

第1章

板栗病害诊断与防治

01 板栗软腐病（图1-1-1）

症状诊断 果实霉烂，灰白色，略软化，表面生灰白色绵状霉，后期出现点状黑霉，即病原菌的菌丝、孢子囊梗和孢子囊。

病原 为接合菌门匍枝根霉菌。主要危害果实。

发病规律 该菌寄生性弱，分布十分普遍，可在多种植物上生活，条件适宜产生孢囊孢子，靠风雨传播，病菌从伤口等部位侵入。树势衰弱或遭受冻害容易染病；果实伤口多发病重；病健果接触也可直接传染；栗果成熟期遇雨或成熟后未及时采摘，常造成大量烂果；采摘后的果实装箱或运输中碰、撞、挤、压等损伤是贮运过程中招致病菌侵染、引起栗果腐烂的重要原因。该菌分泌果胶酶能力强，致病组织呈浆糊状，在破口处又产生大量孢子囊和孢囊孢子，进行再侵染。气温23～28℃、相对湿度高于80%时易发病。

防治方法

农业防治 加强果园管理，合理修剪，保持果园通风透光良好；发现病果及时摘除，集中处理，减少再侵染源；雨后及时排水，防止湿气滞留果园；防止产生日灼果，果实成熟后及时采收；采收和贮运时尽量避免损伤果实。

化学防治 在栗果近成熟时喷洒一次5%菌毒清水剂500～800倍液或50%多菌灵可湿性粉剂800倍液、50%异菌脲可湿性粉剂1500倍液、70%甲基硫菌灵活可湿性粉剂700倍液等，控制病害的发生。长距离运销的果实，采摘后用山梨酸钾500～600倍液浸后装箱，可减少贮运期间侵染发病。

02 板栗种仁斑点病（图1-2-1）

症状诊断 不同病因引起的栗果种仁黑斑症状为：①炭疽病：栗仁上呈圆形或近圆形黑色病斑，内部呈浅褐色干腐；②黑斑病：栗仁上产生近圆形至不规则形、褐色至黑褐色病斑，边缘色深，病键部分界明显，病斑上常生灰色至灰黑色层，即病原菌分生孢子梗和分生孢子；③褐腐病：栗仁上产生不规则形褐色斑驳，有时现白色、粉色或浅紫色霉菌，严重的果实腐烂。④青霉病：栗仁上产生近圆形至不规则形、褐色至黑褐色病斑，病斑上或内部伤口处可见青绿色霉层。

病原 引起栗果种仁产生黑斑的病因有炭疽病、黑斑病、褐腐病、青霉病等。黑斑病病原为链格孢菌,褐腐病病原为串珠镰孢菌,青霉病病原为扩展青霉菌,均属半知菌类真菌。主要危害果实。

发病规律 几种病原菌菌源广泛，在寄主病残体或土壤中越冬，借风雨传播，板栗在采收后随水分丧失，抗病性逐渐降低，当栗仁表面失水20%左右时抗病性最低，病菌也常乘机侵入引起发病。炭疽菌、链格孢菌生长期侵入幼果常不显症；褐腐病菌、青霉病菌采收后通过伤口侵入。贮存场所温度高、湿度大，利于病害发生和扩展；南方果区比北方果区发病重。

防治方法

农业防治 加强栽培管理，增施有机肥，增强树势，提高抗病性。农事操作、采收、贮运过程中尽量减少机械伤口；保湿贮运，防止栗果失水；冷库贮存，把栗果贮存在0℃和相对湿度90%条件下或用气调贮存。

生物防治 果实采收前后喷洒 XM16拮抗菌培养液500倍液，对炭疽菌、链格孢菌、镰刀菌、拟盘多毛孢菌、粉红单端孢菌等5种真菌抑制效果达100%。

化学防治 提前防治炭疽病、黑斑病，减少潜伏侵染带菌病果，可喷洒50%异菌脲可湿性粉剂1000倍液或75%百菌清可湿性粉剂600倍液等；褐腐病、青霉病多发区，选用50%代森锰锌可湿性粉剂800倍液或50%甲基硫菌灵·硫黄悬浮剂700倍液等。

03 板栗黑色实腐病（图1-3-1至图1-3-4）

症状诊断 在果实成熟期发病，果皮变黑，果肉呈黑色腐败。病果一般干腐，天气潮湿时产生软腐，有臭味。在枯死树皮病斑处有黑色小瘤状突起。

病原 为半知菌类葡萄座腔菌;主要危害果实和枝条。

发病规律 以分生孢子器、子囊壳或菌丝体在病果、病枝、病叶等残体上越冬。靠雨水、气流和昆虫传播。该病主要发生在果实近成熟期。病菌从成熟果的顶端及底部侵入，病果果面呈黑色不规则形斑纹，表面散生黑色小瘤状的分生孢子器，病果一般干腐，果肉呈黑色腐败，但当天气潮湿时，易被细菌等混合感染，产生软腐，有臭味。在染病后枯死的树皮上产生与果实上同样的黑色小瘤状分生孢子器。高龄树比幼龄树发病多；因密植及施肥不当引起枝干衰弱的园地发病重。

防治方法

农业防治 合理密植，科学修剪，防止果园郁闭，增施有机肥，培养壮树，保持果园通风透光良好，提高树体抗病能力。冬春季清除枯枝落叶深埋，消灭越冬菌源。

化学防治 在果实近成熟期，提前喷洒1 ∶ 2 ∶ 300倍式波尔多液或45%晶体石硫合剂300倍液、50%多菌灵可湿性粉剂600倍液、50%甲基硫菌灵·硫黄悬浮剂800倍液等。

04 板栗炭疽病（图1-4-1至图1-4-3）

症状诊断 果实染病，栗苞上产生褐色至黑褐色病斑，栗果从顶端变黑，栗仁外表现近圆形黑色病斑，内部呈浅褐色干腐。后期病斑上散生黑色小粒点，即病菌分生孢子盘，潮湿时，溢出橘红色黏性孢子团。南方产区因湿度大病栗仁呈湿腐状，病果早落。

病原 为子囊菌门围小丛壳菌。主要危害果、芽、枝、叶，以果实受害最重。全国栗产区均有发生。

发病规律 病菌以菌丝或分生孢子盘在枝干上、芽鳞中潜伏越冬，翌年条件适宜时产生分生孢子，借风雨传播到附近栗树幼苞上引起发病，病菌从花期、幼果期开始侵入幼苞，且在果实生长后期显症，有的潜伏到贮藏期种仁才发病。菌丝在5℃时开始生长，致种仁发病，而生长和孢子萌发的适温为15~30℃。

防治方法

农业防治 新发展果园要选用抗炭疽病的品种；加强栗园土肥水管理，保持栗树通风透光良好，增强树势，提高树体抗病能力。

控制栗害虫栗瘿蜂、桃蛀螟的发生，可减轻此病的发生。

化学防治 从6月上旬初侵染至8月上旬再侵染期间及时喷洒24%苯腈唑悬浮剂2500倍液或25%溴菌清可湿性粉剂600倍液、40%石硫合剂500倍液、50%腐霉利水剂1000倍液等，10~15天1次，连喷3~4次。

05 板栗白粉病（图1-5-1）

症状诊断 叶片受害，先于叶面发生不规则形的褪绿斑，而后在病斑表面产生白粉状物，此为病菌的分生孢子梗及分生孢子；秋季在白粉层上产生黑色颗粒状物，此为病菌的闭囊壳。嫩梢被害部亦生白粉，严重时幼芽和嫩叶不能伸展，甚至枝梢枯死。

病原 为子囊菌亚门的粉孢霉菌。卵孢霉菌。主要危害叶片及嫩梢。

发病规律 病菌以闭囊壳在病叶或病梢上越冬，翌年4~5月间产生子囊孢子，侵染嫩叶及新梢。在病部产生白粉状的分生孢子，在生长季节里可多次侵染危害，9~10月形成闭囊壳。苗木及幼树、湿度大、果园郁闭严重的发病重，大树发病较少。

防治方法

农业防治 加强果园管理，多施有机肥，适量施氮肥，增施磷、钾肥，增强树势，提高树体抗病力；冬春季剔除病枝、病芽，清除果园枯枝落叶，减少菌源。

化学防治 春季开花前嫩芽刚破绽时，喷洒1波美度石硫合剂或15%三唑酮可湿性粉剂1000倍液、62.25%腈菌唑·代森锰锌可湿性粉剂600倍液、40%多菌灵·硫黄悬浮剂500倍液等。开花10天后，结合防治其他病虫害，再喷药1次。

06 板栗枯叶病（图1-6-1，图1-6-2）

症状诊断 叶片染病，叶脉间或叶缘、叶尖处产生圆形至不规则形病斑，黄褐色至灰褐色，边缘色深，外围具黄色晕圈，后期分生孢子盘成熟后病斑上出现黑色小粒点，即该菌的分生孢子盘。

病原 为半知菌类槲树拟盘多毛孢菌。主要危害叶片。

发病规律 病菌在病部或病残体上越冬。翌年6~8月高温多雨季节进入发病盛期，高温、多雨的年份易发病。果园郁闭严重、通风透光不良，发病重。

防治方法

农业防治 冬春季彻底清除果园残枝落叶，以减少初侵染源。

化学防治 发病初期喷洒1：1：200倍式波尔多液或25%苯菌灵·环已锌乳油800倍液、27%碱式硫酸铜悬浮剂或12%银果乳油600倍液、65%代森锌可湿性粉剂500~700倍液或40%百·福悬浮剂500~600倍液、50%多菌灵可湿性粉剂600倍液等。

07 板栗叶枯病（图1-7-1）

症状诊断 染病后由叶尖开始大面积枯死，可达叶片的1/2，病斑浅褐至灰褐色，病斑边缘色深，分界明显，分生孢子器成熟后，病部生出很多黑色小点，即病原菌分生孢子器。

病原 为半知菌类栗生垫壳菌。主要危害叶片。

发病规律 病菌以菌丝和分生孢子器在病株上或病落叶上越冬，翌春条件适宜时，从菌丝上产生分生孢子，靠风雨传播，8~9月发病，土壤缺肥、树体生长弱、果园透光不良、湿度大，易发病。

防治方法

农业防治 加强果园管理，合理修剪，增施有机肥，适时浇水，及时防治病虫害，增强树势，提高树体抗病能力；冬春季彻底清除园地落叶，减少越冬菌源。

化学防治 发病初期及时喷洒40%百菌清悬浮剂500倍液或40%福·多可湿性粉剂600倍液、1：1：100倍式波尔多液、5%菌毒清水剂300倍液、64%杀毒矾可湿性粉剂600倍液、50%苯菌灵可湿性粉剂800倍液、隔10天左右1次，防治2~3次。

08 板栗锈病（图1-8-1、图1-8-2）

症状诊断 叶背出现黄色至黄褐色的疱状锈斑，表皮破裂后散出黄褐色粉状物，此为病原菌的夏孢子，后期产生蜡质褐色斑。秋季发病明显，对苗木影响大。

病原 为担子菌门栗膨痂锈菌。主要危害叶片。

发病规律 以多年生瘤中的菌丝越冬，以松柏科植物为转主寄主，多于4~5月间产生锈孢子传染栗树，孢子萌发最适温度17~20℃，侵染栗树幼叶、嫩枝、幼果。锈孢子经气流和风传送到栗树和转主寄主松柏类嫩枝叶上萌发侵入。病菌孢子可以重复侵染栗。3~4月气温回升慢、气温偏低，秋季降水次数和降水量多，加上风向和风速适宜，容易引起该病发生和流行。

防治方法

农业防治 园内及四周尽量避免用松柏、龙柏营造防风林，或避免在有松柏类的地方发展栗树；园周围若有松柏，要在春雨前剪除松柏上病瘿，用2~3波美度石硫合剂或1 ： 2 ： 150倍式波尔多液喷射松柏，减少初侵染源。

化学防治 在发病初期喷洒50%硫悬浮剂400倍液或15%三唑酮可湿性粉剂1000倍液、20%三唑酮·硫悬浮剂1000~1500倍液、10%唑菌腈水分散颗粒剂2500倍液、40%多·硫悬浮剂800倍液；0. 3~0. 5波美度石硫合剂或45%晶体石硫合剂300倍液、12. 5%烯唑醇可湿性粉剂4000~5000倍液、1 ： 2 ： 200倍式波尔多液等。但在栗树盛花期不要用波尔多液，以免产生药害。隔15天左右喷第二次药，连喷2~3次。

09 板栗芽枯病（图1-9-1，图1-9-2）

症状诊断 初春刚萌发的芽受侵染后呈水渍状，变褐枯死。新梢长出的幼叶，受侵染产生水渍状暗绿色病斑，后变褐色，周围有黄绿色的晕圈。病斑扩大延伸到叶柄，最后叶变褐向内卷缩。新梢基部患病，花穗枯死脱落。

病原 为丁香假单胞杆菌栗溃疡病致病型细菌变种。又名板栗溃疡病。主要危害芽和叶。

发病规律 病菌主要在病组织内越冬，翌年病部溢出菌脓，借风、雨、昆虫和枝叶接触传播，大风、暴雨易引起流行。

防治方法

农业防治 加强栗园管理，及时剪除病梢，集中烧毁。多风地区果园周围设置防护林。

化学防治 在栗树发芽长叶时及时喷药保护，可叶面喷洒1 ： 1 ： 150倍式波尔多液或72%链霉素可溶性粉剂3000倍液加1%酒精、10%多抗霉素可湿性粉剂1000~1500倍液、50%福美双可湿性粉剂500~700倍液等。

10 板栗枝枯病（图1-10-1）

症状诊断 枝梢染病，向下蔓延至大枝，病部皮层变褐至淡红褐色，最后变为灰褐色，腐烂，病枝干枯。以后在枯枝上形成很多黑色小粒点，湿度大时，小黑点处涌出大量分生孢子，形成直径1 ~3毫米的分生孢子团，呈黑色馒头状，十分明显，染病枝条上的叶片逐渐变黄脱落，发病严重时造成大量枝条枯死，严重时整枝枯死。

病原 为半知菌类黑盘孢菌。主要危害干、枝及枝梢。

发病规律 病菌以菌丝、分生孢子盘在栗树枝干的病部越冬，翌春条件适宜时，产生大量分生孢子，借风雨或昆虫传播，经机械损伤、嫁接、修剪等各种伤口或虫伤口侵入，经数天潜育引起发病。一般键壮的栗树发病很少，生长衰弱的枝条易发病；管理粗放、春旱严重或受冻的栗树发病重。

防治方法

农业防治 加强栗园管理，增施有机肥，合理修剪，适时灌水，及时防治病虫害，增强树势，提高抗病力；并注意防止栗树受冻，尽量减少虫伤和机械伤，以减少病菌侵染机会；发现病枝及时剪除并烧毁，减少菌源。

刮病（斑）疗伤。对粗枝干染病病斑，彻底刮净病部的皮层，再用1%硫酸铜或25%腐霉利100倍液消毒。病部涂1 ：1 ：150倍的波尔多液，保护伤口。

化学防治 发芽前树上喷洒50%多菌灵可湿性粉剂1000倍液或70%甲基硫菌灵活可湿性粉剂800倍液、45%硫菌·霉威悬浮剂500倍液、25%腈菌唑乳油2500倍液等。

11 板栗疫病（图1-11-1至图1-11-4）

症状诊断 幼树枝上初生圆形或不规则形、红褐至紫褐色、隆起的水肿状病斑，内部组织腐烂并有酒糟味。后病部凹陷、干缩、纵裂，上生疣状、橘黄至褐色小粒点，即病菌子座。粗糙老树皮上病斑不明显，不易识别。剥开树皮，可见扇形菌丝体，白色至褐色。当有低毒菌系存在或栗树健壮抗性较强时，只形成肿胀的表层溃疡。被害栗树夏秋季萎蔫，叶量小，枯枝多，严重时整树死亡。

病原 为子囊菌门寄生隐丛赤壳菌。主要危害干和枝。

发病规律 以菌丝体、分生孢子器和子囊壳在病部越冬，翌年孢子借风雨、昆虫及鸟传播，从各种伤口侵入，尤以嫁接口和新伤口发病多。远距离传播主要靠带病苗木。新病斑从3~10月陆续出现，老病斑继续扩展，6~8月扩展快，9~10月逐渐停止。品种抗性有明显差异，日本栗高抗病，中国栗较抗病，而北美栗则高度感病。

防治方法

农业防治 ①选栽优质、高产的抗病品种；实行苗木检疫，防止病害的传入、传出；加强果园管理，合理修剪，增施有机肥，适时灌水，增强树势，提高树体抗病能力。②伤口保护。防止冻害、日灼、虫伤等各种伤口的出现，嫁接口

和刮除病组织后的伤口涂抗菌剂“402”、波尔多液等保护。

生物防治 利用低毒菌系抑制病害的发生。

化学防治 发病重的地区，于发病初期喷洒25%甲霜灵可湿性粉剂300倍液或50%腐霉利可湿性粉剂1500倍液、10%菌毒清可湿性粉剂600倍液、10%银果可湿性粉剂1000倍液等。

12 板栗干枯病（图1-12-1）

症状诊断 初发病时，在树皮上出现红褐色病斑，组织松软，稍隆起，有时自病部流出黄褐色汁液，病皮下组织呈红褐色水渍状腐烂，有酒糟味。发病中后期，病部失水，干缩凹陷，并在树皮下产生黑色瘤状小粒点，即为病菌的子座。最后病皮干缩开裂，并在病斑周围产生愈伤组织。

病原 为子囊菌门寄生内座壳菌。又名胴枯病、腐烂病。主要危害主干和主枝，少数枝梢上发生枝枯。

发病规律 病菌以菌丝体及分生孢子器在病枝中越冬。翌年春季温度回升后，病菌开始活动，病菌孢子主要借风雨传播。病菌从伤口或皮孔等处直接侵入。黄淮地区，3~4月病斑扩展最快，常在短期内造成枝干的枯死。4~5月随着叶片展开，树体营养积累增加，愈伤力增强，抗病能力也增强，病斑逐渐停止扩展。5月以后病斑上形成子座，并出现孢子角。病菌在5~35℃条件下均能生长，10~25℃生长良好。病害远距离传播主要通过苗木。

防治方法

农业防治 选用无病苗木及抗病枝干，合理密植；加强果园管理，改良土壤、增施肥料，促进树体正常生长，壮树防病；冬春季清除病死的枝条，消灭越冬菌源。

加强树体保护 近地面主干发病较多且冻害发生较重地区的栗园，于晚秋树干涂白并进行树基培土，可减轻发病。高接换头时，要在接口处涂含有福美双等杀菌剂的药泥，外包塑料薄膜保护；农事操作要尽量避免在树体上造成伤口，防止病菌通过伤口侵入。

化学防治 对此病防治的有效方法是刮治病斑，方法是用快刀将病变组织及带菌组织彻底刮除，刮后即时涂药并妥善保护伤口，可涂抹10波美度石硫合剂，40%退菌特可湿性粉剂或40%福美双可湿性粉剂50倍液、2.2%腐植酸·硫酸铜100倍液，70%甲基硫菌灵可湿性粉剂1份加豆油或其他植物油3~5份效果也很好。

13 板栗膏药病（图1-13-1）

症状诊断 多发生于板栗主干中上部和2年生以上的枝条上，发病部位多在主干或枝干分枝处下方和背阳的叶痕处，环绕枝干表面形成圆形、椭圆形或不规则形的灰白色、褐色或紫色的呈膏药状的块斑，即病原菌形成的菌丝膜。病斑部位凹陷，致使树势衰弱，重致枝干枯死。

病原 为担子菌门的隔担子菌。又名烂脚叶癣病。主要危害干枝。

发病规律 病菌以菌丝膜在病患处越冬，通过风、雨、昆虫传播。旬平均气温13~28℃，相对湿度78%~88%时，适宜病原菌生长和传播，夏季高温干旱，不利病菌生长，冬季低温干燥，病菌生长几乎停止。病原菌常与介壳虫共生，病菌以介壳虫的分泌物为养料，介壳虫则借菌膜覆盖得到保护，因此枣龟蜡蚧、康氏粉蚧等介壳虫危害重的栗园发病重；树体衰弱、土壤黏重、排水不良或林内阴湿、通风透光不良等，易发病；不同的板栗树品种抗病性不同。

防治方法

农业防治 栽植抗病丰产的优良品种，合理密植；加强果园综合管理，增施有机肥，合理灌排水，防止田间渍害，科学修剪，增强树势，提高树体抗病能力。

及时防治介壳虫 使用松脂合剂，冬季每500克原液加水4~5升，春季加水5~6升，夏季加水6~12升喷洒枝干；或其他高效低毒低残留药剂防治介壳虫成虫、若虫。

化学防治 冬春季剪除病枝；不适合剪枝的及时彻底刮除病菌的子实体和菌膜，刮后病患处涂抹1：1：100倍波尔多液或20%石灰乳、3~5波美度石硫合剂、甲基硫菌灵与柴油（5：1）混合剂。刮掉的菌膜携出园外集中销毁。

14 板栗木腐病（图1-14-1）

症状诊断 病害多发生在衰老的大树树干或大枝上，病菌寄生后导致受害处腐朽脱落，木质部由外向内、自上而下腐朽。病菌向四周健康部位扩展，形成大型长条状溃疡。在死亡的树皮及木质部上散生或群生病菌子实体，又叫担子果，呈覆瓦状排列，子实体大小不等，有锤形、纺锤形、长椭圆形等，边缘向内卷，菌盖厚6~42毫米，上具绒毛或粗毛，初夏为灰褐色，质软、水分多，表面光滑；秋天子实体干后，表面呈灰白色，内部褐色，有裂纹，较坚硬。

病原 为担子菌门的裂褶菌。危害干枝。

发病规律 菌褶在干燥条件下可长期存活，遇有合适温度、湿度，表面绒毛迅速吸水恢复生长能力，在数小时内能释放孢子进行传播。病原菌多从伤口侵入。子实体春夏高温多雨季节、旬均气温25~32℃时发生重，8月上旬停止增大。老龄、树势衰弱、主枝折断、皮部伤口多、管理粗放、病虫害发生严重的栗园发病重；林间湿度大有利于子实体的产生和孢子的传播。

防治方法

农业防治 加强管理，科学修剪，增施有机肥，合理配方施用氮、磷、钾

肥，增强树势，提高栗树的抗病能力；保护树体，减少伤口，是预防本病重要有效措施。

化学防治 发现木腐病子实体彻底清除，并刮干净感病的木质部，伤口用1%硫酸铜液或25%多菌灵可湿性粉剂500倍液、50%甲基硫菌灵可湿性粉剂400倍液、80%代森锌可湿性粉剂600倍液、30%王铜悬浮剂300倍液等涂抹杀菌消毒，再涂波尔多液或煤焦油等保护，以利伤口愈合，减少病菌侵染。清除的木腐病子实体要携出园外集中销毁。

合理修剪 更新主枝或树冠更新时，伤口削平后，用上述杀菌剂涂之杀菌，并涂白漆以防雨水自伤口入侵并带进病菌。同时，要积极防治其他病虫害。

15 桑寄生（图1-15-1）

症状诊断 在果树被寄生的枝条或主干上，丛生桑寄生植株的枝叶，非常明显。寄生处的枝条稍肿大，或产生瘤状物，遇风易从此处折断。由于果树枝条的一部分养料和水分被桑寄生吸收，且桑寄生又分泌有毒物质，造成果树生长不良，迟发芽，开花少，易落果，早落叶，重者全枝或全株枯死。

病原 为桑寄科植物桑寄生，是一种多年生常绿小灌木。

发病规律 在我国南方果产区发生较多。桑寄生植株在果树枝干上越冬。秋季产生大量浆果，飞鸟喜食，在鸟粪中的种子或鸟嘴吐出的种子都能黏附在果树的枝条上。种子吸水萌发后，其胚根先端产生吸盘从伤口、芽部、嫩枝树皮等处侵入，并伸出初生吸根，分泌消解酶钻入寄主皮层及木质部，再产生许多次生吸根以吸收寄主体内的养分。在吸根上部的胚叶，发展成茎叶，含有叶绿素，能营光合作用。有时在寄生枝条的表面长出许多根出条，在根出条上又可形成新的丛枝。

防治方法

农业防治 冬春季深翻园地，将桑寄生种子深埋于地下，阻止其萌发；发现桑寄生及早彻底清除；连年在桑寄生的果实成熟前彻底砍除病枝条，并除尽根出条和组织内部吸根延伸的部分。

化学防治 叶面喷洒80%碱式硫酸铜可湿性粉剂600～800倍液或27.12%、30%、35%碱式硫酸铜悬浮剂300～500倍液等，有一定效果。

16 板栗缺硼症（图1-16-1，图1-16-2）

症状诊断 树体缺硼时，嫩枝反应较敏感，先从顶端萎缩，而后干枯死亡，幼叶变厚，皱缩，质脆易破裂。空苞多，坚果个小、色浅、迟熟，总苞不易开裂。根系不发达，须根少。严重时，植株生长受阻矮化。

病因 因土壤瘠薄缺硼或使用钾、氮肥过多土壤中硼元素不易被植物吸收或树体营养失衡造成的硼素缺乏所致。

防治方法

改良土壤 ①加强果园综合管理，增施有机肥，改良土壤，促进树体旺盛生长，提高树体对各种养分的均衡吸收能力。②撒“保得”土壤生物菌接种剂，改善土壤结构，提高土壤透气性能，释放被固定的肥料元素，增加土壤中速效养分的含量。

早春板栗发芽前施硼肥 结合施基肥单施或一起施入硼肥，施后浇水，一般3年生以下的板栗树每株施硼砂50～150克，3年生以上的板栗树每株施硼砂150～300克。缺硼严重的土壤可适当多施，但勿过量。

雨季土壤施硼 对灌溉困难的山区栗园，可在雨季结合追肥，把硼砂一起施入根部土壤中，也可采取穴施或环状开沟施。

叶面施硼肥 栗树始花期、盛花期、谢花后各喷施1次0.5%红糖+0.2%硼砂+1000倍果树专用型“天达2116”液，效果更好。

注意事项 施用硼砂时一定要用开水溶化后兑制，均匀喷洒，避免局部硼浓度过大而引起中毒；硼在栗树体内运转力差，应多次喷雾为好，至少保证两次，才能真正起到保花保果的作用。

17 板栗缺锰症（图1-17-1）

症状诊断 板栗缺锰时，中部叶先出现缺素症状，向上下两个方向发展，叶脉之间浅绿，出现畸形叶，叶脉弯曲，严重时全叶发黄，提早落叶；花芽分化不良，易落花落果；根系生长不良，根、茎生长点枯萎，植株生长受阻矮化。

病因 因土壤缺锰元素或供应失衡，导致植株表现缺锰症状。

防治方法

农业防治 加强管理，科学修剪，增施有机肥、合理灌排水，保持树体旺盛生长，提高树体均衡吸收养分的能力。

化学防治 5~6月叶片生长旺盛期及花期，叶面喷洒0.25%~0.5%硼砂液或硼酸液、0.3%硫酸锰液，5~7天1次，连喷2~3次。

18 板栗缺镁症（图1-18-1）

症状诊断 缺镁时老叶先出现症状，从叶缘开始，叶脉之间褪绿，严重时全叶发黄仅叶脉绿色，并提早落叶，植株生长受阻，结果越多的树症状越严重。

病因 土壤中镁元素不足或氮、磷、钾某种元素使用过多，抑制了根系对镁元素的吸收，导致树体中镁元素缺少，致使叶绿素含量减少，叶片褪绿，光合作用受到影响，栗树不能正常生长。在酸性（pH5.0以下）或砂质土壤中镁元素容易流失，易发生缺镁症。

防治方法

增施镁肥 冬施基肥和生长季节追肥时，增施硫酸镁或碳酸镁，每株0.8～1.0千克。

改良土壤 撒施"保得"土壤生物菌接种剂，改善土壤结构，提高土壤透气性能，释放被固定的肥料元素，增加土壤中速效养分的含量。

叶面喷施 在6～7月份可喷洒0.3%硫酸镁水溶液，15天1次，连续3～4次。

注意事项 对pH在6.0以下的酸性土壤宜施碳酸镁，而在中性或碱性土壤中宜施硫酸镁，以上两种镁肥以混合在堆肥中作基肥施用为好，由于钾及钙素对镁的拮抗作用非常明显，若两者有效混合浓度高时应增加镁素施用量。使用镁肥时注意不可与磷肥混用。

19 板栗赤斑病（图1-19-1）

症状诊断 发病初期，在叶缘、叶脉处形成近圆形或不规则形橘红色病斑，病斑边缘褐色，中央散生黑色小粒。随着病斑的扩大，叶面病斑相连，看上去像"半叶枯"，引起叶片提前大量脱落和落果。

病原 为半知菌类的叶茎点霉菌。主要危害叶片。

发病规律 病菌以分生孢子在病残落叶上越冬，翌年春季板栗叶片展开时，分生孢子随风、雨、昆虫传播到新叶上，从伤口、气孔处侵入叶内扩展蔓延，6～7月病株出现大量落叶、落果。

防治方法

农业防治 冬春季彻底清除园内枯枝落叶，集中深埋或烧毁，消灭越冬菌原；合理修剪，加强肥水等综合管理，提高树体抗病能力。

化学防治 春季果树展叶期叶面喷洒1：1：200倍式波尔多液或3～5波美度石硫合剂预防。发病初期叶面喷洒70%甲基硫菌灵可湿性粉剂或25%多菌灵可湿性粉剂800倍液、50%百菌清可湿性粉剂1000倍液、80%代森锰锌可湿性粉剂600～800倍液等。

第2章

板栗害虫诊断与防治

01 栗实象甲（图2-1-1至图2-1-3）

属鞘翅目象甲科。又名板栗象鼻虫、栗象。

分布与寄主

分布 全国各产区。

寄主 板栗、栎、榛子和梨等果树。

危害特点 幼虫在栗实内危害子叶，内充满虫粪，被害栗失去发芽能力和食用价值；成虫食害嫩枝、嫩叶和幼果。

形态诊断 成虫：雌体长7.2~9毫米，雄体长6.9~8毫米，体黑褐色，被灰白鳞毛；触角11节；雌虫头管长9~12毫米，触角着生于头管近基部1/3处；雄虫头管长4.2~5.3毫米，触角着生于头管的1/2处；头部与前胸交接处有一块白色鳞斑，鞘翅上各有2条由白色鳞片组成的横带；足黑色，被白色鳞片。卵：椭圆形，长1.5毫米左右。幼虫：体长8~12毫米，微弯，头黄褐色，胴部乳白色多横皱。蛹：灰白色，长7~11毫米，头管伸向腹部下方。

发生规律 云南1年发生1代，长江流域以北地区2年1代。以老熟幼虫在树冠下土内4~12厘米处作室越冬。翌年6~7月化蛹，7月下旬至8月下旬羽化，然后出土危害并产卵，成虫白天活动，具假死性性。产卵时在果皮上咬一小洞，产卵洞内，一洞一粒。9月为产卵盛期，卵期12~18天。幼虫期30天左右。果实早期被害往往脱落，后期被害不脱落，幼虫老熟后蛀一圆孔脱出。2年1代者幼虫第3年化蛹羽化出土。一般苞刺密而长、质地坚硬、苞壳厚的品种较抗虫；纯栗林被害较轻，栗和栎类混栽林受害重。

防治方法

农业防治 选栽大型、苞刺密而长、苞壳厚、质地硬的抗虫品种；不在栗园内或附近栽栎类植物；秋末冬初深翻园地至15厘米以下，利用冻害和鸟食消灭越冬幼虫。

栗实处理 栗实脱粒后用50~55℃温水浸种10分钟，或将栗果集中于密闭熏蒸室内，每立方米用2.5~3.5克溴甲烷熏蒸24~48小时，均可将果内幼虫全部杀死。

毒杀脱果幼虫 果实成熟幼虫脱果前及时采收，选用坚硬的土场或水泥地作堆果场，在场周围撒2.5%辛硫磷颗粒剂或喷洒90%晶体敌百虫800倍液、2%氟丙菊酯乳油1000倍液等，毒杀脱果幼虫。

防治成虫 成虫出土前药剂处理土壤，撒施辛硫磷颗粒剂或敌百虫粉剂等；成虫出土后产卵前于树上喷洒90%晶体敌百虫1000倍液或10%氯菊酯乳油1000~1500倍液、10%乙氰菊酯乳油800~1000倍液，连续喷药2~3次；郁闭栗园于成虫发生期使用熏蒸剂熏杀成虫。

02 栗皮夜蛾（图2-2-1至图2-2-4）

属鳞翅目夜蛾科。又名栗洽夜蛾。

分布与寄主

分布　山东、河南及周边栗产区。

寄主　板栗、橡等。

危害特点　幼虫蛀食栗蓬和栗实，引致脱落，并可啃食嫩枝皮、雄花絮、穗轴及叶柄，偶有蛀入嫩枝和叶柄内危害者。

形态诊断　成虫：体长10~18毫米，体浅灰黑色，触角丝状，复眼黑色，前胸背、侧面及胸部背面鳞片隆起；前翅亚外缘线与中横线间灰白色，近前缘处具一半圆形黑色大斑，近后缘处具黑色眼状斑，斑上生一眉状弯曲短线，内横线为平行双黑线；后翅浅灰色。卵：半圆形，长0.6~0.8毫米，卵顶有一个圆形突起，周围有放射状隆起线，乳白至灰白色。幼虫：体长13毫米，褐色至绿褐色，前胸盾和臀板深褐色，中、后胸背面具毛片6个，横向排列成直线；腹部第一至七节背面有毛片4个排成梯形。蛹：长10毫米左右，深褐色。茧：黄褐色。

发生规律　1年发生2~3代，以幼虫在栗蓬总苞内越冬。一、二代主要危害板栗，二代产卵于橡树上。翌年6月上中旬第一代卵盛期，卵期3~6天，幼虫6月上中旬孵化，6月下旬至7月上旬幼虫作茧化蛹。6月底至7月中下旬第二代卵盛期，卵期2~3天，二代幼虫7月初至8月上旬蛀蓬危害，7月下旬至8月中下旬幼虫作茧化蛹。二代成虫8月上旬至9月中旬发生。局部地区可发生第三代。成虫昼伏夜出，第一代卵产在新梢嫩叶上和幼蓬上，此代幼虫主要危害幼蓬和雄花穗；第二代卵多产在蓬刺端部，幼虫孵化后蛀入栗实危害；第三代卵均产于橡树秋梢叶片上，幼虫只危害橡树。

防治方法　防治该虫的关键是药剂杀卵和初孵幼虫，即掌握一、二代卵孵化盛期各喷洒1次40%辛硫磷乳油或90%晶体敌百虫、50%杀螟硫磷乳油1000倍液，或48%哒嗪硫磷乳油、20%戊菊酯乳油、10%醚菊酯乳油1500倍液等。

03 栗实蛾（图2-3-1，图2-3-2）

属鳞翅目卷蛾科。又名栗子小卷蛾、胡桃实小蠹蛾、栎实小蠹蛾。

分布与寄主

分布　东北、华北、西北栗产区。

寄主　板栗、核桃、栎、榛等果树。

危害特点　幼虫取食栗蓬，稍大蛀入果内危害，有的咬断果梗，致栗蓬早期脱落。

形态诊断 成虫：体长7~8毫米，体银灰色，前、后翅灰黑色，前翅前缘有向外斜伸的白色短纹，后缘中部有四条斜向顶角的波状白纹。后翅黄褐色，外缘灰色。卵：扁圆球形，长1毫米，白色。幼虫：体长8~13毫米，圆筒形，头黄褐色，前胸盾及臀板淡褐色，胴部暗褐至暗绿色，各节毛瘤色深，上生细毛。蛹：体圆稍扁，黄褐色，长7~8毫米。

发生规律 辽宁、陕西1年发生1代，以老熟幼虫结茧在落叶或杂草中越冬。东北翌年6月化蛹，蛹期13~16天；7月中旬进入羽化盛期，成虫昼伏夜出，寿命7~14天；成虫产卵于栗蓬刺上和果梗基部。初孵幼虫先蛀食蓬壁，而后蛀入栗实危害，从蛀孔处排出灰白色短圆柱状虫粪，堆积在蛀孔处，一果里常有1~2头幼虫，幼虫期45~60天，老熟后咬破种皮脱出落地后结茧蛹。天敌有赤眼蜂等。

防治方法

农业防治 冬春季彻底清除栗园枯枝落叶和杂草，集中烧毁或深埋，消灭越冬幼虫。

生物防治 卵发生期每亩释放赤眼蜂30万头，防效较好。

化学防治 防治关键期是幼虫孵化至蛀果前喷药，重点是栗蓬。可喷洒10%联苯菊酯乳油3000~4000倍液或20%氰戊菊酯乳油2000倍液，50%杀螟硫磷乳油或40%辛硫磷乳油、90%晶体敌百虫1000~1200倍液、30%杀虫双水剂800倍液、20%菊·马乳油2000倍液等。

04 三纹象甲（图2-4-1，图2-4-2）

属鞘翅目象甲科。又名柞栎象甲。

分布与寄主

分布 全国各板栗产区。

寄主 板栗、柞栎、麻栎等。

危害特点 幼虫在栗苞果内食害，种皮内充满褐色粉末状粪屑，受害果内常腐败有恶臭味，果实失去食用价值。

形态诊断 成虫：体长5.5毫米，体黑色，鞘翅锈赤色；前胸背板有3条纵隆起，隆起处毛色浅，形成3条花纹。卵：长圆形，乳白色，大小为0.93毫米×0.69毫米。幼虫：老熟幼虫体长9.9毫米。在种实内乳白色，入土越冬后变为乳黄色。

发生规律 1年发生1代，以老熟幼虫在地下越冬。翌年6月上中旬开始化蛹，8月中下旬为成虫盛发期，幼虫危害盛期在9月上中旬。9月下旬后，幼虫从果内、栗蓬中脱果就近入土越冬。

防治方法

选用抗虫品种 选栽栗苞大、苞刺密而长、质地坚硬、苞壳厚的抗虫品种。

农业防治 栗果成熟后及时采收，彻底拾净栗蓬，减少虫在栗园中脱果入土越冬的数量；脱粒、晒果场地要选用水泥地面或坚硬场地，防止脱果幼虫入土越冬；冬春季耕翻栗园，破坏土室，杀死幼虫；清除栗园内外的栎杂树，减少栗象的寄主，控制其发生量。

热水浸种 栗果脱粒后用50~55℃热水浸泡10~15分钟，杀虫效率可达90%以上。

栗果熏蒸 在密闭条件下用溴甲烷或二硫化碳等熏蒸剂熏蒸，溴甲烷用量2.5~3.5克／立方米，熏蒸处理24~48小时，二硫化碳用量30毫升／立方米，处理20小时，灭虫率均可达100%。

毒杀脱果幼虫 选择地面坚实或水泥地作为脱粒、晒果及堆果的场地，事先在场地周围堆一圈喷有50%辛硫磷乳油500~600倍液或拌和5%辛硫磷颗粒剂的疏松土壤，毒杀脱果入土的幼虫，减轻翌年的危害。

化学防治 ①在成虫即将出土前，地面撒施5%辛硫磷颗粒剂，每亩10千克，或喷洒50%辛磷乳油1000倍液，施药后及时浅锄，将药剂混入土中，毒杀出土成虫。②成虫盛发期产卵前，树冠喷洒50%杀螟硫磷乳油或50%辛硫磷乳油、90%晶体敌百虫1000~1200倍液，25%氟丙菊酯乳油或2.5%溴氰菊酯乳油、20%氰戊菊酯乳油3000倍液等，10天左右1次，连喷2~3次，可杀死大量成虫，防止产卵危害。

05 桃蛀螟（图2-5-1至图2-5-6）

属鳞翅目螟蛾科。又名桃蛀野螟、桃斑螟、桃实螟、桃果蠹、桃蠹螟、桃蠹心虫、桃蛀心虫、桃实虫、桃野螟蛾、桃斑纹野螟蛾、果斑螟蛾、豹纹蛾、豹纹斑螟。

分布与寄主

分布 全国各产区。

寄主 梨、桃、山楂、核桃、柿、杏、石榴、板栗等果树。

危害特点 幼虫从果与果、果与叶、果与枝的接触处钻入果实危害。果实内充满虫粪，致果实腐烂并造成落果或干果挂在树上。

形态诊断 成虫：体长10~12毫米，翅展24~26毫米，全体金黄色；胸、腹部及翅上都具有黑色斑点；触角丝状；雌蛾腹部末节呈圆锥形，雄蛾腹部末端有黑色毛丛。卵：椭圆形，长0.6~0.7毫米，乳白至红褐色。幼虫：体长22~25毫米，头部暗黑色，胸部暗红色或淡灰或浅灰蓝色，腹面淡绿色；前胸背板深褐色；中、后胸及第一至八腹节各有排成2列的大小毛片8个，前列6个后列2个。

蛹：褐色或淡褐色，长约13毫米。

发生规律　黄淮地区1年发生4代，以老熟幼虫或蛹在僵果中、树皮裂缝、堆果场及残枝败叶中越冬。4月上旬越冬幼虫化蛹，下旬羽化产卵；5月中旬发生第一代；7月上旬发生第二代；8月上旬发生第三代；9月上旬为第四代，而后以老熟幼虫或蛹越冬。成虫昼伏夜出，对黑光灯趋性强，对糖醋液也有趋性。卵散产于两果相并处和枝叶遮盖的果面或梗洼上，卵期7天左右。幼虫世代重叠严重，尤以第一、二代重叠常见，以第二代危害重。

防治方法

农业防治　冬春季彻底清理树上、树下干僵果及园内枯枝落叶和刮除翘裂的树皮，清除果园周围的玉米、高粱、向日葵、蓖麻等遗株深埋或烧毁，消灭越冬幼虫及蛹。

物理防治　在果园内点黑光灯或放置糖醋液诱杀成虫。种植诱集作物诱杀。根据桃蛀螟对玉米、高粱、向日葵趋性强的特性，在果园内或四周种植诱集作物，集中诱杀。一般每亩种植玉米、高粱或向日葵20~30株。

化学防治　掌握在桃蛀螟第一、二代成虫产卵高峰期的6月20日至7月30日间喷药，施药3~5次，叶面喷洒90%晶体敌百虫800~1000倍液或20%氰戊菊酯乳油1500~2000倍液、2.5%溴氰菊酯乳油2000~3000倍液、50%辛硫磷乳油1000倍液等。

06　柳蝙蛾（图2-6-1，图2-6-2）

属鳞翅目蝙蝠蛾科。又名蝙蝠蛾、东方蝙蝠蛾。

分布与寄主

分布　东北、江淮及南方果产区。

寄主　山楂、核桃、板栗、葡萄、樱桃、梨、苹果、杏、枇杷等果树、林木。

危害特点　幼虫危害枝条，把木质部表层蛀成环形凹陷坑道，致受害枝条生长衰弱，重则枝条枯死，遭风易折断。

形态诊断　成虫：体长32~36毫米，翅展61~72毫米，体色变化较大，刚羽化绿褐色，渐变粉褐色，后变茶褐色；前翅前缘有7个半环形斑纹，翅中央有1个深褐色微暗绿的三角形大斑，外缘具由并列的模糊的弧形斑组成的宽横带；后翅暗褐色；雄蛾后足腿节背侧密生橙黄色刷状毛。卵：球形，直径0.6~0.7毫米，黑色。幼虫：体长50~80毫米，头部褐色，体乳白色，圆筒形，布有黄褐色瘤状突起。蛹：圆筒形，黄褐色。

发生规律　辽宁1年发生1代，少数2代，以卵在地面或以幼虫在枝干髓部越冬，翌年5月开始孵化，6月中旬在花木或杂草茎中危害，6~7月转移到附近木本寄主上，蛀食枝干。8月上旬开始化蛹，8月下旬至9月成虫羽化。成虫昼伏夜出，卵产在地面上越冬，每雌可产卵2000～3000粒。两年1代者幼虫翌年8月于被害处化蛹，9月成虫羽化。天敌有孢目白僵菌、柳蝙蛾小寄蝇等。

防治方法

农业防治　冬春季耕翻园地，将卵翻压至深层土壤，至幼虫不能正常孵化出土；及时清除园内杂草，集中深埋或烧毁；及时剪除被害虫枝。

生物防治　保护利用天敌。

化学防治　①地面施药。5月至6月上旬幼虫孵化及低龄幼虫在地面活动期，地面喷洒40%辛硫磷乳油600～800倍液；45%马拉硫磷乳油或48%毒死蜱乳油800～1000倍液；2.5%溴氰菊酯乳油或20%氰戊菊酯乳油1500～2000倍液等2~3次，省工效果好。②枝干涂药。于幼虫上树前，树干上涂抹上述药液，毒杀上树幼虫。③虫孔注药。幼虫钻入枝干后，可用80%敌敌畏乳油50倍液及上述药液50～100倍液注入虫孔，每孔10～20毫升，注意不要注入太多，以能杀死幼虫药液被树体吸收为好，注多了容易造成烂干。

07　栗苞蚜（图2-7-1至图2-7-3）

属同翅目蚜科。

分布与寄主

分布　全国板栗产区。

寄主　板栗。

危害特点　成蚜、若蚜先群集于栗苞外嫩枝刺基部吸汁危害，受害栗苞提前开裂，露出黄绿色幼果，以后成蚜、若蚜群集于栗苞内壁及幼果外危害，致果生长受阻，严重影响产量。

形态诊断　成虫：无翅胎生雌成蚜体长1毫米左右，椭圆形，黄褐色至紫褐色，触角4节，体表有白粉和明显的瘤突，腹管退化。

发生规律　1年发生多代。以卵在树皮裂缝中越冬，翌年3～4月天气回暖栗芽萌动时孵化，迁至嫩梢上的雌花苞危害。密植园、通风差的园发生重，晚熟品种比早熟品种发生多。

防治方法

农业防治　冬春季用硬刷子刮刷树皮缝隙，刷后用石灰水涂干，消灭越冬卵。

化学防治　在4月份早期虫量不高时抓住时机喷雾防治，重点喷嫩梢，药剂可用50%抗蚜威可湿性粉剂2500～3000倍液、25%仲丁威乳油1000～1500倍液、40%辛硫磷乳油或80%敌敌畏乳油、50%毒死蜱乳油1000倍液、10%氯菊酯乳油2000～2500倍液、10%醚菊酯乳油1000～1200倍液等。如果防治失时，7～8

月虫量大时，可用上述药剂重点喷栗苞。

08 栗大蚜（图2-8-1至图2-8-3）

属同翅目大蚜科。又名栗大黑蚜、栗枝大蚜、黑大蚜。

分布与寄主

分布　全国板栗产区。

寄主　板栗和栎类。

危害特点　成虫、若虫群集枝梢上或叶背面和栗蓬上吸食汁液，导致叶片失绿、皱缩，排泄物易引起煤污病的发生。

形态诊断　成虫：有翅胎生雌蚜，体长约4毫米，黑色，被细短毛，腹部色较浅；翅色暗，翅脉黑色，前翅中部斜向后角处具白斑2个，前缘近顶角处具白斑1个；腹管短小凸起。无翅胎生雌蚜，体长约5毫米，黑色被细毛，头胸部窄小略扁平，占体长1/3，腹部球形肥大，腹管短小凸起，足细长。卵：长椭圆形，长约1.5毫米，暗褐至黑色。若虫：多为黄褐色，与无翅胎生雌蚜相似，但体较小，色淡，后渐变深褐色至黑色；有翅若蚜具翅芽。

发生规律　1年发生多代，以卵在枝干阴面皮缝处或表面越冬，常数百粒单层排在一起。翌年4月孵化，群集在枝梢上繁殖危害，5月产生有翅胎生雌蚜，迁飞扩散至嫩枝、叶、花及栗蓬上危害繁殖，常数百头群集吸食汁液，到10月中旬产生有性雌、雄蚜，产卵在树缝、伤疤等处，11月上旬进入产卵盛期。

防治方法

农业防治　冬春季刮刷树干或石灰水涂干消灭越冬卵。

生物防治　提倡使用EB-82灭蚜菌或Ec.t-107杀蚜霉素200倍液，掌握在蚜虫高峰前选晴天均匀喷洒。

化学防治　早春发芽前喷洒5%柴油乳剂或黏土柴油乳剂杀卵。越冬卵孵化后及危害期，及时喷洒50%抗蚜威可湿性粉剂1000~1500倍液或25%甲萘威可湿性粉剂800倍液、1%阿维菌素3000~4000倍液或52.25%蜱·氯乳油2000倍液、10%氯氰菊酯乳油3000倍液、43%辛·氰乳油1500倍液、2.5%三氟氯氰菊酯乳油3000倍液等。

09 栗斑蚜（图2-9-1至图2-9-4）

属同翅目斑蚜科。又名栗斑翅蚜、栗角斑蚜。

分布与寄主

分布　全国各板栗产区。

寄主　板栗。

危害特点 以成虫、若虫刺吸芽叶汁液，其分泌物落在叶片上似有一层胶的光亮，发生量大的栗园，可使树冠下表土变成油浸状。后期叶片上生很厚的一层黑霉，为霉菌寄生，易引起霉污病的发生影响光合作用。

形态诊断 成虫：有翅胎生雌蚜，体长约1.5毫米，翅展5~6毫米，暗绿至赤褐色，被白色绵状物，腹部扁平，背面中央和两侧有黑色纹，沿翅脉呈淡黑色带状斑纹，故名斑翅蚜；触角1/3处有暗色斑3~4个，故又名角斑蚜。无翅胎生雌蚜，体长1.4~1.5毫米，略呈长三角形，暗绿至淡赤褐色，被白色粉状物，胸背中央及两侧有黑色及褐色斑点，触角淡黄色，触角端部1/3处有3~4个暗色斑。卵：椭圆形，长0.4毫米，黑绿色。若虫：体与无翅胎生雌蚜相似，体暗绿色并出现黑斑，头胸部棕褐色，触角及足黄白色，腹背有4簇白粉，具翅芽。

发生规律 1年发生10余代，以卵在枝条和分杈处越冬，翌年春栗树发芽时孵化，群栖叶背危害并繁殖，雨季前产生有翅胎生雌蚜，进行迁飞扩散。行孤雌胎生繁殖，平均气温在24℃时，12天可完成1代，平均气温降至16℃时（10月中旬后）产生有性蚜，雌雄交尾，产卵于枝梢上及分杈处，以卵越冬。干旱年份发生较重，秋季发生量最大。

防治方法

农业防治 冬季用硬刷子刮刷树皮，消灭越冬卵。利用蚜虫趋黄色习性，在果园内设置黄油板，粘杀蚜虫；刮刷树皮后枝干上喷洒99%绿颖乳油200倍液，杀灭在树上越冬的螨类、介壳虫及蚜虫卵等。

化学防治 ①树干涂药。在树干距地1米左右处刮去粗皮，露出黄白色皮层、约30厘米宽的环状带，涂40%辛硫磷乳油或90%晶体敌百虫、50%抗蚜威可湿性粉剂100倍液，7天1次，包以塑料薄膜保护。②叶面喷药。可喷洒50%抗蚜威可湿性粉剂或20%吡虫啉可湿性粉剂2000~3000倍液、40%辛硫磷乳油、5%氟啶脲乳油1000倍液等。

10 栗瘿蜂（图2-10-1至图2-10-3）

膜翅目瘿蜂科。又名栗瘤蜂。

分布与寄主

分布 全国各板栗产区。

寄主 栗树类。

危害特点 幼虫危害芽、叶和嫩梢，形成瘿瘤而不能抽枝和开花，叶小呈畸形，严重时树势衰弱、枝条枯死。

形态诊断 成虫：体长2~3毫米，黄褐至黑褐色；头短宽，触角丝状；胸部膨大背面光滑，前胸背板有4条纵隆线，小盾片上翘而尖；翅白色透明，翅脉褐色；产卵管针状。卵：椭圆形，乳白色，长0.1~0.2毫米。幼虫：体长2.5~3毫米，体乳白至黄白色；纺锤形略弯曲，两端稍细；胴部12节无皱纹，无足。蛹：长2~3毫米，乳白至黑色。

发生规律 1年发生1代，以低龄幼虫于芽内越冬。翌年栗芽萌发时开始危害，新梢长1.5~3厘米时出现圆形瘿瘤，幼虫老熟后于瘿内化蛹，在河北化蛹期为5月下旬至7月上旬，羽化期为6月上旬至7月下旬，成虫羽化后咬破瘿瘤钻出。成虫白天活动，夜晚栖息在叶背。行孤雌生殖，卵多产在饱满芽内，每芽内产2~3粒。卵期15天左右，幼虫孵化后即于芽内危害，并形成小虫室，9月中下旬开始于内越冬。向阳、地势低洼、避风郁闭的栗林发生重；树冠内膛和下部枝上发生较多。天敌主要有长尾小蜂等10余种寄生蜂。

防治方法

农业防治 不要在栗瘿蜂发生重的栗林采接穗，以防扩大蔓延；加强综合管理，合理修剪，栗林通风透光好可减少发生。

生物防治 夏季成虫羽化前剪除瘿瘤枝条，并将其放入栗瘿蜂成虫不能钻出的纱网中，而寄生蜂可以从纱网孔中飞出，置园内再行寄生。

化学防治 成虫出瘿期喷洒10%吡虫啉可湿性粉剂2000倍液或80%敌敌畏乳油或25%甲萘威可湿性粉剂1500倍液、40%辛硫磷乳油1000倍液、25%仲丁威乳油1500倍液等。郁闭度大的栗园可用烟剂薰杀成虫。

11 栗黄枯叶蛾（图2-11-1至图2-11-4）

属鳞翅目枯叶蛾科。又名栎黄枯叶蛾、绿黄枯叶蛾、蓖麻枯叶蛾。

分布与寄主

分布 山西、河北、河南、安徽、江苏、浙江、湖北、湖南、江西、福建、台湾、陕西、甘肃、四川、云南等地。

寄主 板栗、石榴、核桃、海棠、苹果、山楂、柑橘、咖啡等。

危害特点 幼虫食叶成孔洞和缺刻，严重时将叶片吃光，残留叶柄。

形态诊断 成虫：雌体长25~38毫米，翅展60~95毫米，淡黄绿至橙黄色，头黄褐色杂生褐色短毛；复眼黑褐色；触角短、双栉状。胸背黄色。翅黄绿色，外缘波状，缘毛黑褐色，前翅近三角形，内线黑褐色，外线波状暗褐色，亚端线由8~9个暗褐斑纹组成断续波状横线，后缘基部中室后具1个黄褐色大斑。后翅内、外线黄褐色波状。腹末有暗褐色毛丛。雄较小，黄绿至绿色，翅绿色，外缘线与缘毛黄白色，前翅内、外线深绿色，其内侧有白条纹，亚端线波状黑褐色，中室端有1黑褐色点；后翅内线深绿，外线黑褐色波状。腹末有黄白色毛丛。卵：椭圆形，长0.3毫米，灰白色，卵壳表面具网状花纹。幼虫：体长65~84毫米，雌长毛深黄色，雄长毛灰白色，密生。全体黄褐色。头部具不规则深褐色斑纹，沿颅中沟两侧各具一黑褐色纵纹。前胸盾中部具黑褐色“×”形纹；前胸前缘两侧各有一较大的黑色瘤突，上生1束黑色长毛。中胸后各体节亚背线，气门上、下线和基线处各生一较小黑色瘤突，上生1簇刚毛。亚背线、气门上线瘤为黑毛，余者为黄白色毛。第三至九腹节背面前缘各具一条中间断裂的黑褐色横带，其两侧各有一黑斜纹。气门黑褐色。蛹：赤褐色，长28～32毫米。茧：长40～75毫米，灰黄色，略呈马鞍形。

发生规律 山西、陕西、河南1年发生1代，南方2代，以卵越冬，寄主发芽后孵化，幼虫群集叶背取食叶肉，受惊扰吐丝下垂，2龄后分散取食，幼虫期80～90天，共7龄，7月开始老熟，于枝干上结茧化蛹。蛹期9～20天，7月下旬至8月羽化，成虫昼伏夜出，有趋光性，于傍晚交尾。卵产在枝、干上，常数十粒排成2行，黏有稀疏黑褐色鳞毛，状如毛虫。单雌产卵200～320粒。2代区，成虫发生于4～5月和6～9月。天敌有蠋敌、多刺孔寄蝇、黑青金小蜂等。

防治方法

农业防治 冬春剪除越冬卵块集中消灭。捕杀群集幼虫。

生物防治 保护利用天敌，控制害虫发生。

化学防治 卵孵化盛期是施药的关键时期，用80%丙硫磷乳油或48%哒嗪硫磷乳油、50%二嗪磷乳油、50%马拉硫磷乳油1000倍液、2.5%溴氰菊酯乳油3000～3500倍液等叶面喷雾。

12 栗毒蛾（图2-12-1至图2-12-5）

属磷翅目毒蛾科。又名栎毒蛾、二角毛虫、苹果大毒蛾等。

分布与寄主

分布 全国各产区。

寄主 栗树类、苹果、杏、李等果树。

危害特点 以幼虫取食叶片，常造成叶片破碎和缺刻，严重时能将叶片吃光。

形态诊断 成虫：雌成虫体长约30毫米，翅展85～95毫米，触角丝状，头、胸部白色，背面有黑色斑5个，接近翅基部各有1个红斑；前翅灰白色，上有5条黑褐色波状纹，内缘有粉红色和黑色斑，外缘有8～9个黑斑，前缘和外缘粉红色；后翅淡红色，外缘有褐色斑8～9块并有横带1条；腹部浅红色，腹末3节白色，腹背中间有一排黑色斑。雄成虫体长20～24毫米，翅展45～52毫米，触角双栉齿状，胸部黑色，上有5块深黑色斑；前翅黑褐色，上有白色波状横纹数条，翅中室处有一个黑色圆点，外缘有8～9块黑斑；后翅淡黄褐色，外缘有黑色斑点和横带，中部有一个黑色横斑；腹部黄色，背中间有一条黑色纵条纹。卵：圆形白色，成块状。幼虫：体长60～80毫米，体黑褐色具黄白色斑；头部黄褐色；背线、前胸白色，后段枯黄色，体各节生毛瘤4个，上生黑褐色毛丛，第一节两侧丛毛特长且黑白毛混杂，第十一节生6丛长毛；腹面黄褐色，足赤褐色。蛹：长27~35毫米，黄褐色，头部有一对黑色短毛束。

发生规律 东北、华北等地1年发生1代，以卵在树皮裂缝及锯伤口处越冬，栗树发芽时卵孵化，孵化期20~30天，初孵幼虫先在卵块附近群集危害，随虫龄增大分散危害。幼虫危害期50余天，7月份老熟，在叶背面结薄丝茧化蛹，尾端结一束丝倒吊。7月下旬成虫羽化，雌蛾多将卵产于树干阴面，每块卵约200粒，以卵越冬。

防治方法

农业防治 冬春刮除卵块；利用初孵幼虫集中危害习性捕杀；人工捕杀蛹和成虫。

化学防治 卵孵化盛期和幼虫集中危害期，叶面喷洒90%晶体敌百虫800倍液或40%辛硫磷乳油1000倍液，或20%氰戊菊酯乳油、2.5%溴氰菊酯乳油、20%甲氰菊酯乳油、5%三氟氯氰菊酯乳油2000~3000倍液等。

13 栗小爪螨（图2-13-1，图2-13-2）

属真螨目叶螨科。又名针叶小爪螨、栗红蜘蛛。

分布与寄主

分布 全国各板栗产区。

寄主 板栗、山楂等果树。

危害特点 以成螨、若螨刺吸叶片汁液，栗叶受害后呈现苍白色小斑点，严重时呈灰白色或焦枯死亡。

形态诊断 成虫：雌成螨体长0.49毫米，宽0.32毫米，椭圆形，褐红色。体背隆起前端较宽，末端暗窄钝圆；足粗壮淡绿色，第一、第四对足较长，体背刚毛粗大，黄白色，共26根，体背有暗绿色斑块；雄虫较大，体近三角形，腹末略尖。卵：洋葱头状，越冬卵暗红色，夏卵浅红色；卵壳上具放射状纹。若螨：4对足，绿褐色，形似成螨。

发生规律 北方栗产区1年发生5~9代，以卵在1~4年生枝条上越冬，在枝条分杈处、芽周围较多。北京地区越冬卵于5月上旬至5月下旬孵化，群集叶片正面危害。第二代于5月中旬至7月上旬发生，第三代于6月上旬至8月上旬发生，第二代后世代重叠。7月中下旬为全年发生高峰期。生长季节卵产于叶片正反面。干旱年份发生重；此螨抗药性低，但自然控制不明显，常连年危害成灾；管理差的栗园危害重；由于此螨喜在叶面活动，夏秋大暴雨常使其种群数迅速降低。天敌有草蛉、食螨瓢虫、蓟马、小黑花蝽及多种捕食螨。

防治方法

农业防治　冬春季用硬刷子刮刷树皮裂缝，消灭越冬卵。

生物防治　保护利用天敌。可人工释放西方盲走螨及草蛉卵，利用天敌控制螨害。

树干涂药　展叶前将树皮刮去15~20厘米宽的带，以略见青皮为度，用40%乐果乳油或40%辛硫磷乳油20倍液涂干，涂后用塑料膜包扎，对该螨的有效控制可达40天，且对栗树安全无药害。幼树不宜刮皮，可将药直接涂在枝干上。

化学防治　5月下旬至6月上旬，越冬卵孵化前后叶面喷洒5%噻螨酮乳油或20%四螨嗪悬浮剂2000倍液，20%双甲脒可湿性粉剂1500倍液等，若此次喷药彻底及时，一次即可控制危害。夏季是活动螨发生高峰期，可喷洒15%哒螨灵乳油或73%炔螨特乳油2000~3000倍液等，对活动螨有较好的防治效果。

14　栗瘿螨（图2-14-1，图2-14-2）

属蜱螨目瘿螨科。

分布与寄主

分布　河北、河南及周边产区。

寄主　板栗。

危害特点　被害叶片正面生袋状虫瘿，瘿长10~15毫米，宽约3毫米，每片叶虫瘿达百余个，整个叶片长满虫瘿。每个虫瘿在叶背面有一个瓶状孔口，孔周围生许多黄褐色刺状毛，后期虫瘿干枯变黑褐色，叶片也提前干枯。受害枝很少结果。

形态诊断　成虫：雌螨体似胡萝卜，长0.16~0.18毫米；越冬雌成螨香油色；生长季节瘿内雌成螨乳白色或浅黄色，体两侧各有较长的毛4根，腹末具长毛2根；足4对，羽状爪3只；虫态大小不整齐。

发生规律　1年发生多代，在瘿内繁殖，每个瘿内有螨体数百头，多者近千头。秋末成螨从叶背孔口处爬出瘿外，转移到顶芽及顶端较大的芽上，多时一顶芽内雌螨达千余头，肉眼虽看不到虫体，但芽似有毛和丝状物覆盖。以雌成螨在芽鳞片下、芽基部、叶片脱落层下及其他伤口处越冬。翌年春栗树发芽后转移到幼嫩叶片上危害，并在叶上逐渐形成虫瘿，到7~8月仍有新虫瘿形成，只是虫瘿很小或只成一疱疹状。

防治方法

农业防治　严格检疫，不要从有虫株上采接穗或调运有虫苗木。生长季节的7~8月份有虫枝已很易识别，及时将虫枝全部剪除烧掉。

化学防治　有虫株可在芽膨大期喷洒5波美度石硫合剂或5%苯螨特乳油或5%唑螨酯悬浮剂1500倍液，24%螨威多悬浮剂800倍液等。

15 栎芬舟蛾（图2-15-1）

属鳞翅目舟蛾科。又名细翅天蛾、罗锅虫、旋风舟蛾等。

分布与寄主

分布 全国各板栗产区。

寄主 板栗、栎。

危害特点 幼虫食叶成缺刻或孔洞。

形态诊断 成虫：雄翅展44~48毫米，雌46~52毫米，头、胸背暗褐色，腹背灰黄褐色；前翅暗褐色，内、外线双道黑色，内线以内的亚中褶上生一黑色纵纹；后翅苍白色。幼虫：头红褐色，颅两侧区各有6条黑细斜纹；胸部绿色，背中央有一内有3条白线的“1”形黑纹，纹两侧衬黄边；腹背白色，由许多黑色和红褐色细线组成的美丽图案形花纹，气门线由许多灰黑色细线组成一宽带。

发生规律 辽宁1年发生1代，以蛹越冬，翌年7月初开始羽化，初孵幼虫群集叶片危害，随虫龄增大分散危害，幼虫危害期为7月下旬至9月末，幼虫老熟后落地入土化蛹越冬。

防治方法

农业防治 冬春季耕翻树盘，利用低温和鸟食消灭越冬蛹；低龄幼虫期捕杀群集幼虫。

生物防治 幼虫落地入土期地面喷洒白僵菌粉或 Bt 乳剂1000倍液，喷药后耙松表土，使幼虫感病而亡。

化学防治 ①幼虫落地入土期，地面撒施50%辛硫磷颗粒剂，施药后耙松表土毒杀幼虫；②幼虫危害期，叶面喷洒25%灭幼脲胶悬剂或10%醚菊酯悬浮剂1500倍液、5.7%氟氯氰菊酯乳油2000~2500倍液、20%戊菊酯乳油2000倍液等。

16 栗舟蛾（图2-16-1至图2-16-5）

属鳞翅目舟蛾科。又名栎掌舟蛾、肖黄掌舟蛾、麻栎毛虫、彩节天社蛾等。

分布与寄主

分布 全国各板栗产区。

寄主 板栗、栎。

危害特点 幼虫食叶成缺刻，严重时把叶片吃光。

形态诊断 成虫：雄成蛾翅展44~45毫米，雌成蛾48~60毫米；头顶浅黄色，触角丝状；胸背前半部黄褐色，后半部灰白色，有两条暗红褐色横线；前翅灰褐色，前缘顶角处具一近肾形浅黄色大斑，斑内缘生明显棕色边，基线、内线、外线黑色锯齿状；后翅浅褐色。卵：浅黄色半球形。幼虫：体长55毫米，头部红褐色，体深褐色，被较密的灰白色至褐色长毛；体上生8条橙红色纵线；各体节又有一条橙红色横带，故又称彩节天社蛾；3对胸足。蛹：长22~25毫米，黑褐色。

发生规律 1年发生1代，以蛹在土中越冬。翌年5~6月羽化，成虫昼伏夜出，产卵于叶背，块生，常数百粒单层排列。卵期15天左右，低龄幼虫有群集性，常成串排列于叶上，随虫龄增大，分散昼夜取食，7~8月危害重，8月底9月初幼虫老熟后陆续下树入土化蛹。

防治方法 参照栎芬舟蛾的防治方法。

17 花布灯蛾（图2-17-1至图2-17-3）

属鳞翅目灯蛾科。又名黑头栎毛虫。

分布与寄主

分布 全国各产区。

寄主 板栗、栎等果树、林木。

危害特点 幼虫取食叶片，开花前也取食花苞，重则吃光叶片和花苞，使栗树不能开花，引起减产，甚至颗粒无收。

形态诊断 成虫：体长10毫米，翅展28~38毫米；体橙黄色，前翅黄色，翅上有6条黑线，自后角区域略成放射状向前缘伸出，在外缘的后半部，有朱红色的斑纹2组，靠后角沿外缘处有方形小黑斑3个；后翅橙黄色；雌蛾腹端有密厚的粉红色绒毛。卵：圆形略扁，淡黄色，卵粒块状排列整齐。幼虫：体长30~35毫米，头部黑色，前胸背板、腹足基部、臀板均为黑褐色，胸、腹部灰黄色，有茶褐色纵线13条，各节生有白色长毛数根。蛹：纺锤形，长约10毫米，茶褐色。茧：深黄色。

发生规律 江苏、浙江1年发生1代，以幼虫群集在树干枝杈处结虫苞越冬。翌春3月，越冬幼虫活动，于傍晚出虫苞钻入萌发芽苞内蛀食，留下空苞片，导致芽苞干枯，不能开花抽叶。4月中旬，栗树发芽后，幼虫白天出苞取食嫩叶。5月上旬至中旬幼虫老熟，下树在地面枯枝落叶或土缝中作茧化蛹。成虫6月中旬羽化，昼伏夜出，产卵于树冠中部叶背面，成圆块状。卵期8~20天。幼虫孵化后群集卵块下面吐丝结成灰白色的虫苞，并以丝将叶柄缠在小枝上，幼虫潜伏虫苞内，黄昏后出苞取食叶肉。每个虫苞平均有幼虫800多头，最多可达3000头。11月份虫群离开叶背迁移到树干枝杈处作新虫苞，群集虫苞内潜伏越冬。翌年结虫苞处树皮多开裂，易引起天牛及其他病虫危害。在丘陵山区、山洼避风向阳处发生重。天敌有刺蝇及寄生蜂等。

防治方法

农业防治 冬春季及发生期及时清除虫苞，集中消灭。

生物防治　保护利用天敌。

化学防治　幼虫孵化前后，及时叶面喷洒95%晶体敌百虫或40%辛硫磷乳油1000倍液，10%氯菊酯乳油或10%乙氰菊酯乳油1500倍液，25%灭幼脲悬浮剂、20%灭幼脲悬浮剂1500~2000倍液等。

18 角纹卷叶蛾（图2-18-1至图2-18-3）

属鳞翅目卷叶蛾科。

分布与寄主

分布　东北、华北等板栗产区。

寄主　板栗、苹果、梨、樱桃等果树。

危害特点　幼虫吐丝将叶片先端横卷或纵卷成筒状，在其内啃食叶肉；筒两端开放，幼虫转移危害频繁。

形态诊断　成虫：体长6~8毫米；前翅棕黄色，斑纹暗紫铜色，翅基后缘处具指状基斑，中带上窄下宽，近中室外侧和顶角处各有一个黑色斑，端纹呈三角形。卵：扁椭圆形，灰褐至灰白色。幼虫：体长16~20毫米，头部黑色，前胸盾前半部黄褐色，后半部及胸足黑褐色，胴部灰绿色。蛹：体长12毫米，黄褐色。

发生规律　在东北、华北1年发生1代，以卵块在枝条分杈处或芽基部越冬，4月下旬至5月中旬孵化，初孵幼虫先在枝梢顶端群集危害，稍大后则吐丝下垂，分散危害。6月下旬幼虫老熟在卷叶中化蛹。成虫6月下旬至7月中旬羽化产卵，本年内不再危害。

防治方法

农业防治　冬春季及夏季经常检查，发现卵块清除消灭。

化学防治　在卵孵化盛期及卷叶危害前，喷洒20%抑食肼可湿性粉剂或25%灭幼脲悬浮剂、5%氟啶脲乳油1500倍液、20%氰戊菊酯乳油2000倍液、5%顺式氰戊菊酯乳油3000倍液等防治幼虫。

19 栗天蚕（图2-19-1至图2-19-6）

属鳞翅目大蚕蛾科。又名核桃楸天蚕蛾、白果蚕、银杏大蚕蛾。

分布与寄主

分布　东北、华北、华东、华中、华南、西南等产区。

寄主　核桃、樱桃、银杏、板栗、桃、苹果、梨、李等果树。

危害特点　幼虫取食果树的嫩芽和叶片，食叶成缺刻，重者食光叶片。

形态诊断　成虫：体长25~60毫米，翅展90~150毫米，体灰褐色或紫褐色；雌蛾触角栉齿状，雄蛾羽状；前翅内横线紫褐色，外横线暗褐色，两线近后缘处汇合，中间呈三角形浅色区，中室端部具月牙形透明斑；后翅从基部到外横线间具较宽红色区，亚缘线区橙黄色，缘线灰黄色，中室端处生一大眼状斑，斑内侧具白纹；后翅臀角处有一白色月牙形斑。卵：椭圆形，长2.2毫米左右，灰褐色，一端具黑色黑斑。幼虫：末龄幼虫体长80~110毫米；体黄绿色或青蓝色；背线黄绿色，亚背线浅黄色，气门上线青白色，气门线乳白色，气门下线、腹线处深绿色，各体节上具青白色长毛及突起的毛瘤，其上生黑褐色硬毛。蛹：长30~60毫米，污黄至深褐色。茧：长60~80毫米，黄褐色，网状。

发生规律 1年发生1~2代，辽宁、吉林1年发生1代，以卵越冬。翌年5月上旬越冬卵开始孵化，5~6月进入幼虫危害盛期，重者把树上叶片吃光，6月中旬至7月上旬于树冠下部枝叶间缀叶结茧化蛹，8月中下旬羽化、交配和产卵。卵多产在树干下部1~3米处及树杈处，数十粒至百余粒块产。天敌主要有赤眼蜂、黑卵蜂、绒茧蜂、螳螂、蚂蚁等。

防治方法

农业防治 冬春季用硬刷子刷除树皮缝隙中的越冬卵减少越冬虫源。6~7月结合园内管理，人工捕捉幼虫和摘除茧蛹，喂养家禽。

化学防治 掌握雌蛾到树干上产卵、幼虫孵化盛期上树危害之前和幼虫3龄前两个有利时机，喷洒50%马拉硫磷乳油或90%晶体敌百虫1000倍液，或10%氯菊酯乳油2000~2500倍液、10%醚菊酯悬浮剂1000~1500倍液、5%氟苯脲乳油1000~2000倍液等。

20 绿尾大蚕蛾（图2-20-1至图2-20-10）

属鳞翅目大蚕蛾科。又名燕尾水青蛾、水青蛾、长尾月蛾、绿翅天蚕蛾。

分布与寄主

分布 除新疆、西藏、甘肃等地未见报道外，其他各板栗产区均有分布。

寄主 石榴、核桃、枣、苹果、梨、葡萄、沙果、海棠、板栗、樱桃以及柳、枫、杨、木槿、乌桕等。

危害特点 幼虫食叶，低龄幼虫食叶成缺刻或空洞，稍大吃光全叶仅留叶柄。由于虫体大，食量大，发生严重时，吃光全树叶片。

形态诊断 成虫：雄成虫体长35~40毫米，翅展100~110毫米；雌成虫体长40~45毫米，翅展120~130毫米。体粗大，体被浓厚白色绒毛呈白色；体腹面色浅近褐色。头部、胸部、肩板基部前缘有暗紫色横切带。触角黄色羽状。复眼大，球形黑色。雌翅粉绿色，雄翅色较浅，泛米黄色，基部有白色绒毛；前翅前缘具白、紫、棕黑三色组成的纵带一条，与胸部紫色横带相接，混杂有白色鳞毛；翅的外缘黄褐色；前后翅中室末端各具椭圆形眼斑1个，斑中部有一透明横带，从斑内侧向透明带依次由黑、白、红、黄四色构成；翅脉较明显，灰黄色。后翅臀角长尾状突出，长40毫米左右。足紫红色。卵：球形稍扁，直径约2毫米。灰白色，上有胶状物将卵黏成堆，近孵化时紫褐色。每堆有卵少者几粒，多者二三十粒。幼虫：1~2龄幼虫黑色，第二、三胸节及第五、六腹节橘黄色。3龄幼虫全体橘黄色。4龄开始渐变嫩绿色。老熟幼虫体长80~110毫米，头部绿褐色，头较小，宽约8毫米；体绿色粗壮，近结茧化蛹时体变为茶褐色。体节近六角形，着生肉状突毛瘤，前胸5个，中、后胸各8个，腹部每节6个，毛瘤上具白色刚毛和褐色短刺；中、后胸及第八腹节背毛瘤大，顶黄基黑，其他处毛瘤端部红色基部棕黑色。气门线以下至腹面浓绿色，腹面黑色。胸足褐色，腹足棕褐色。茧：灰白色，丝质粗糙；长卵圆形，长径50~55毫米，短径25~30毫米，茧外常有寄主叶裹着。蛹：长45~50毫米，紫褐色，额区有1个浅黄色三角斑。

发生规律　在辽宁、河北、河南、山东等北方果产区1年发生2代，在江西南昌可发生3代，在广东、广西、云南发生4代，在树上作茧化蛹越冬。北方果产区越冬蛹4月中旬至5月上旬羽化并产卵，卵历期10~15天。第一代幼虫5月上中旬孵化；幼虫共5龄，历期36~44天；老熟幼虫6月上旬开始化蛹，中旬达盛期，蛹历期15~20天。第一代成虫6月下旬至7月初羽化产卵，卵历期8~9天。第二代幼虫7月上旬孵化，至9月底老熟幼虫结茧化蛹，越冬蛹期6个月。成虫昼伏夜出，有趋光性，一般中午前后至傍晚羽化，羽化前分泌棕色液体溶解茧丝，然后从上端钻出，当天20:00~21:00至翌日2:00~3:00交尾，交尾历时2~3小时。翌日夜晚开始产卵，产卵历期6~9天。单雌产卵260粒左右。雄成虫寿命平均6~7天，雌成虫10~12天，虫体大笨拙，但飞翔力强。1、2龄幼虫有集群性，较活跃；3龄以后逐渐分散，食量增大，行动迟钝。幼虫老熟后贴枝吐丝缀结多片叶在其内结茧化蛹。第一代茧多数在树枝上结茧，少数在树干下部；而越冬茧基本在树干下部分叉处。天敌有赤眼蜂等，主寄生卵。

防治方法

农业防治　冬春季清除果园枯枝落叶和杂草，摘除越冬虫茧销毁；生长季节人工捕杀幼虫、设置黑光灯诱杀成虫。

生物防治　保护利用天敌，赤眼蜂在室内对卵的寄生率达84%~88%。

化学防治　幼虫3龄前喷药防治效果最佳，4龄后由于虫体增大用药效果差。常用杀虫剂有50%二嗪磷乳油1500倍液、50%辛硫磷乳油2000倍液、25%除虫脲胶悬剂1000倍液或菊酯类杀虫剂等。

21　茶蓑蛾（图2-21-1至图2-21-7）

属鳞翅目蓑蛾科。又名小窠蓑蛾、小蓑蛾、小袋蛾、茶袋蛾、避债蛾、茶背袋虫。

分布与寄主

分布　各板栗产区。

寄主　柿、板栗、桃、柑橘、石榴等100多种植物。

危害特点　幼虫在护囊中咬食叶片、嫩梢或剥食枝干、果实皮层，造成局部光秃。该虫喜集中危害。

形态诊断　成虫：雌蛾体长12~16毫米，足退化，无翅，蛆状，体乳白色；头小褐色；腹部肥大，体壁薄，能看见腹内卵粒。雄蛾体长11~15毫米，翅展22~30毫米，体翅暗褐色；触角双栉状；胸部、腹部具鳞毛；前翅翅脉两侧色略深，外缘中前方具近正方形透明斑2个。卵：椭圆形，0.8毫米×0.6毫米，浅黄色。幼虫：体长16~28毫米，头黄褐色，胸部背板灰黄白色，背侧具褐色纵纹2条，胸节背面两侧各具浅褐色斑1个；腹部棕黄色，各节背面均有“八”字形黑色小突起4个。蛹：雌蛹纺锤形，长14~18毫米，深褐色；雄蛹深褐色，长13毫米；护囊：纺锤形，枯枝色，成长幼虫的护囊，雌的长约30毫米，雄的约25毫米。囊系以丝缀结叶片、枝条碎片及长短不一的枝梗而成，枝梗整齐地纵裂于囊的最外层。

发生规律　贵州1年发生1代，华东地区1年发生1~2代，台湾2~3代。以幼虫在枝叶上的护囊内越冬。翌春3月越冬幼虫开始取食，5月中下旬化蛹，6月上旬至7月中旬成虫羽化并产卵，卵期12~17天。第一代幼虫6~8月发生且危害重，幼虫期50~60天。第二代幼虫9月出现，危害至落叶越冬。幼虫孵化后先取食卵壳，后爬上枝叶或飘至附近枝叶上，吐丝黏缀碎叶营造护囊并开始取食。天敌有蓑蛾疣姬蜂、松毛虫疣姬蜂、桑螨疣姬蜂、大腿蜂、小蜂等。

防治方法

农业防治　发现虫囊及时摘除，集中烧毁。

生物防治　注意保护利用寄生蜂等天敌昆虫。或喷洒每克含1亿活孢子的杀螟杆菌或青虫菌6号悬浮剂防治。

化学防治　掌握在幼虫初孵期喷洒90%晶体敌百虫或50%杀螟硫磷乳油1000倍液、2.5%溴氰菊酯乳油2000倍液、10%氟丙菊酯乳油1500倍液等。

22　大袋蛾（图2-22-1至图2-22-3）

属鳞翅目袋蛾科。又名蓑衣蛾、大蓑蛾、避债蛾、布袋蛾、大背袋虫、大窠蓑蛾。

分布与寄主

分布　全国除新疆未见报道外，其他各产区均有发生。

寄主　石榴、板栗、梨、苹果、桃、李、杏、梅、葡萄、柑橘、枇杷、龙眼、茶、无花果等65种以上果木。

危害特点 幼虫食叶。幼虫吐丝缀叶成囊，隐藏其中，头伸出囊外取食叶片及嫩芽，啃食叶肉留下表皮，重者成孔洞、缺刻，直至将叶片吃光。

形态诊断 成虫：雌蛾无翅，体长12~16毫米，蛆状，头甚小，褐色，胸腹部黄白色；胸部弯曲，各节背部有背板，腹部大，在第四至七腹节周围有黄色绒毛。雄蛾有翅，体长11~15毫米，翅展22~30毫米，体和翅深褐色，胸部和腹部密被鳞毛；触角羽状；前翅翅脉两侧色深，在近翅尖处沿外缘有近方形透明斑一个，外缘近中央处又有长方形透明斑一个。卵：椭圆形，长约0.8毫米，豆黄色。幼虫：老熟幼虫体长16~26毫米。头黄褐色，具黑褐色斑纹，胸腹部肉黄色，背面中央色较深，略带紫褐色。胸部背面有褐色纵纹2条，每节纵纹两侧各有褐斑1个。腹部各节背面有黑色突起4个，排列成“八”字形。蛹：雌蛹体长14~18毫米，纺锤形，褐色；雄蛹体长约13毫米，褐色，腹末稍弯曲。护囊：枯枝色，橄榄形，成长幼虫的护囊，雌虫的长约30毫米，雄的长约25毫米，囊系以丝缀结叶片、枝皮碎片及长短不一的枝梗而成，枝梗不整齐地纵列于囊的最外层。

发生规律 黄淮产区1年发生1代，以幼虫在护囊内悬挂于枝上越冬。4月20日至5月25日为越冬幼虫化蛹高峰，5月30日至6月3日为成虫羽化盛期，从成虫羽化到产卵需2~3天，卵历期15~18天，卵孵化盛期在6月20~25日。幼虫孵化后从旧囊内爬出再结新囊，爬行时护囊挂在腹部末端，头胸露在外取食叶片，直至越冬。

防治方法

生物防治 应用大袋蛾多角体病毒（NPV）和苏云金杆菌（Bt）喷洒防治，30天内累计死亡率分别达77.6%~96.7%及82.7%~91%。保护利用天敌如大腿小蜂、脊腿姬蜂和寄生蝇等。

农业防治 在幼虫越冬期摘除虫袋，碾压或烧毁。

化学防治 在7月5~20日，幼虫2~3龄期，虫囊长约1厘米，采用90%晶体敌百虫或50%丙硫磷乳油1000倍液喷雾，防治效果达95%以上。

23 白囊蓑蛾（图2-23-1至图2-23-6）

鳞翅目蓑蛾科。又名白囊袋蛾、白蓑蛾、白袋蛾、白避债蛾、棉条蓑蛾、橘白蓑蛾。

分布与寄主

分布 河南、江苏、安徽、上海、浙江、江西、福建、台湾、广东、广西、湖南、湖北、贵州、四川、云南等产区。

寄主 李、杏、石榴、桃、苹果、梨、柿、枣、板栗、核桃、柑橘、梅、枇杷、油茶、茶等。

危害特点 幼虫在护囊中咬食叶片、嫩梢或剥食枝干、果实皮层，造成寄主植物光秃。

形态诊断 成虫：雌体长9~16毫米，蛆状，足、翅退化，体黄白色至浅黄褐色微带紫色。头部小，暗黄褐色。触角小，突出；复眼黑色。各胸节及第一、二腹节背面具有光泽的硬皮板，其中央具褐色纵线，体腹面至第7腹节各节中央皆具紫色圆点1个，第三腹节后各节有浅褐色丛毛，腹部肥大，尾端瘦小似锥状。雄体长6~11毫米，翅展18~21毫米，浅褐色，密被白长毛，尾端褐色，头浅褐色，复眼黑褐色球形，触角暗褐色羽状；翅白色透明，后翅基部有白色长毛。卵：椭圆形，长0.8毫米，浅黄至鲜黄色。幼虫：体长25~30毫米，黄白色，头部橙黄至褐色，上具暗褐色至黑色云状点纹；胸节背面硬皮板褐色，中、后胸分成2块，上有黑色点纹；第八、九腹节背面具褐色大斑，臀板褐色。有胸足和腹足。蛹：黄褐色，雌体长12~16毫米，雄体长8~11毫米。蓑囊：灰白色，长圆锥形，长27~32毫米，丝质紧密，上具纵隆线9条，表面无枝和叶附着。

发生规律 1年发生1代，以低龄幼虫于蓑囊内在枝干上越冬。翌春寄主发芽展叶期幼虫开始危害，6月老熟化蛹。蛹期15~20天。6月下旬至7月羽化，雌虫仍在蓑囊里，雄虫飞来交配，产卵在蓑囊内，每雌产卵千余粒。卵期12~13天。幼虫孵化后爬出蓑囊，爬行或吐丝下垂分散传播，在枝叶上吐丝结蓑囊，常数头在叶上群居食害叶肉，随幼虫生长，蓑囊渐大，幼虫活动时携囊而行，取食时头胸部伸出囊外，受惊扰时缩回囊内，经一段时间取食便转至枝干上越冬。天敌有寄生蝇、姬蜂、白僵菌等。

防治方法

农业防治 结合园艺管理及时摘除蓑囊，碾压或烧毁，并注意保护利用天敌。

化学防治 在7月5~20日前后，幼虫2~3龄期，虫囊长约1厘米，采用90%晶体敌百虫或50%丙硫磷乳油1000倍液、或10%醚菊酯乳油1500倍液喷雾，防治效果达95%以上。

24 黄刺蛾（图2-24-1至图2-24-11）

属鳞翅目刺蛾科。又名刺蛾、洋辣子、八角虫、八角罐、羊蜡罐、白刺毛等。

分布与寄主

分布 全国各板栗产区。

寄主 柿、板栗、桃、杏、石榴、苹果等果树。

危害特点 低龄幼虫群集叶背面啃食叶肉，稍大把叶食成网状，随虫龄增大则分散取食，将叶片吃成缺刻，仅留叶柄和叶脉，重者吃光全树叶片。

形态诊断　成虫：体长13~16毫米，翅展30~34毫米；头和胸部黄色，腹背黄褐色；前翅内半部黄色，外半部为褐色，有两条暗褐色斜线，在翅尖上汇合于一点，呈倒“V”字形，内面一条伸到中室下角，为黄色与褐色的分界线。卵：椭圆形，黄绿色。幼虫：体长16~25毫米，头小，胸腹部肥大，呈长方形，似幼儿的娃娃鞋，黄绿色；体背有一两端粗中间细的哑铃形紫褐色大斑，和许多突起枝刺。蛹：椭圆形，长12毫米，黄褐色。茧：灰白色，质地坚硬，茧壳上有几道褐色长短不一的纵纹，形似雀蛋。

发生规律　1年发生2代，以老熟幼虫在树枝上结茧越冬。翌年5月上旬化蛹，5月中下旬至6月上旬羽化，成虫趋光性强，产卵于叶背面，数十粒连成一片；6月中下旬幼虫孵化，初孵幼虫喜群集危害，数头幼虫白天头向内形成环状静伏于叶背。6月下旬至7月上中旬幼虫老熟后，固贴在枝条上，作茧化蛹。7月下旬出现第二代幼虫，危害至9月初结茧越冬。天敌主要有上海青蜂和黑小蜂等。

防治方法

农业防治　冬春季剪除冬茧集中烧毁，消灭越冬幼虫。

生物防治　摘除冬茧时，识别青蜂（冬茧上端有一被寄生蜂产卵时留下的小孔）选出保存，翌年放入果园天然繁殖寄杀虫茧。低龄幼虫期每亩用每克含孢子100亿的白僵菌粉0.5~1千克，在雨湿条件下喷雾防治效果好。

化学防治　卵孵化盛期至幼虫危害初期喷洒90%晶体敌百虫或40%马拉硫磷乳油1200倍液、25%灭幼脲悬浮剂1500倍液、20%除虫脲悬浮剂3000~4000倍液、1.8%阿维菌素2000~3000倍液、20%抑食肼可湿性粉剂800~1000倍液、20%虫酰肼悬浮剂1000~1500倍液、2.5%溴氰菊酯乳油3000~4000倍液、10%乙氰菊酯乳油2000倍液等。

25　白眉刺蛾（图2-25-1至图2-25-6）

属鳞翅目刺蛾科。又名杨梅刺蛾。

分布与寄主

分布　分布全国多数果产区。

寄主　柿、板栗、桃、杏、石榴、核桃、枣等果树。

危害特点　幼虫危害叶片，低龄幼虫啃食叶肉，稍大把叶片食成缺刻或孔洞，重者仅留主脉。

形态诊断　成虫：体长8毫米，翅展16毫米左右，前翅乳白色，端部具浅褐色浓淡不均的云状斑。幼虫：体长7毫米左右，扁椭圆形，绿色，体背部隆起呈龟甲状，头褐色，很小，缩于胸前，体上无明显刺毛，体背生2条黄绿色纵带纹，纹上具小红点。蛹：长4.5毫米，近椭圆形。茧：长5毫米，圆筒形，灰褐色。

发生规律 1年发生2~3代，以老熟幼虫在树杈或叶背结茧越冬。翌年4~5月化蛹，5~6月成虫羽化，7~8月进入幼虫危害期，成虫昼伏夜出，有趋光性。卵块产于叶背，每块有卵8粒左右，卵期7天，低龄幼虫在叶背取食，留下半透明的上表皮，随虫龄增大，把叶食成缺刻或孔洞，重者食完全叶。8月下旬幼虫老熟，结茧越冬。

防治方法 参照白眉刺蛾的防治方法。

26 丽绿刺蛾（图2-26-1至图2-26-8）

属鳞翅目刺蛾科。又名绿刺蛾。

分布与寄主

分布 全国各产区。

寄主 柿、板栗、桃、杏、石榴、苹果、梨、山楂、柑橘等果树和林木。

危害特点 以幼虫蚕食叶片，低龄幼虫群集叶背食叶成网状，重者食净叶肉，仅剩叶柄。

形态诊断 成虫：体长10~17毫米，翅展35~40毫米，触角雄蛾双栉齿状、雌蛾基部丝状；头顶、胸背绿色，腹部灰黄色；前翅绿色，肩角处有1块深褐色尖刀形基斑，外缘具深棕色宽带；后翅浅黄色，外缘带褐色。卵：扁平椭圆形，长径约1.5毫米，浅黄绿色。幼虫：体长25~27毫米，初龄时黄色，稍大转为粉绿色；从中胸至第八腹节各有4个瘤状突起，上生有黄色刺毛丛，第一腹节背面的毛瘤各有3~6根红色刺毛；腹部末端有4丛球状黑色刺毛；背中央具暗绿色带3条；两侧有浓蓝色点线。蛹：椭圆形，长约13毫米，黄褐色。茧：椭圆形，长约15毫米，暗褐色坚硬。

发生规律 1年发生2代，以老熟幼虫在树干上结茧越冬。翌年4月下旬至5月上旬化蛹，第一代成虫于5月末至6月上旬羽化，第一代幼虫于6~7月发生；第二代成虫8月中下旬羽化，第二代幼虫于8月下旬至9月发生，至10月上旬在树干上结茧越冬。成虫有强趋光性，卵产于叶背，数十粒成块。初孵幼虫常7~8头群集取食，稍大后分散危害。幼虫体上的刺毛丛含有毒腺，人体皮肤接触后，常因毒液进入皮下而肿胀奇痛，故有“洋辣子”之称。天敌有爪哇刺蛾寄蝇等。

防治方法

农业防治 ①冬春季清洁果园消灭树枝上的越冬茧。②捕杀初龄幼虫。及时摘除初孵幼虫群集危害的叶片消灭之，注意勿使虫体接触皮肤。

化学防治 卵孵化盛期至幼虫危害初期叶面喷洒90%晶体敌百虫或40%马拉硫磷乳油1200倍液、25%灭幼脲悬浮剂1500倍液、20%除虫脲悬浮剂3000~4000倍液、1.8%阿维菌素2000~3000倍液、20%抑食肼可湿性粉剂800~1000倍液、20%虫酰肼悬浮剂1000~1500倍液、2.5%溴氰菊酯乳油3000~4000倍液、10%乙氰菊酯乳油2000倍液等。

27 扁刺蛾（图2-27-1至图2-27-7）

属鳞翅目刺蛾科。又名黑点刺蛾、黑刺蛾。

分布与寄主

分布　全国各板栗产区。

寄主　柿、板栗、桃、杏、石榴、苹果、柑橘等果树。

危害特点　初孵幼虫群集叶背啃食叶肉，使叶片仅留透明的上表皮。随虫龄增大，食叶成空洞和缺刻，重者食光叶片。

形态诊断　成虫：体长13~18毫米，翅展28~35毫米；体暗灰褐色，腹面及足色较深；触角雌丝状，雄羽状；前翅灰褐稍带紫色，中室外侧有1条明显的暗斜纹，自前缘近顶角处向后缘斜伸；雄蛾中室上角有1个黑点；后翅暗灰褐色。卵：扁平椭圆形，长1.1毫米，淡黄绿至灰褐色。幼虫：体长21~26毫米，宽16毫米，体扁，椭圆形，背部稍隆起，形似龟背；全体绿色、黄绿色或淡黄色，背线白色；体边缘有10个瘤状突起，其上生有长刺毛，第四节背面两侧各有1个红点。蛹：长10~15毫米，近椭圆形，乳白至黄褐色。茧：椭圆形，长12~16毫米，紫褐色。

发生规律　1年发生1~3代，以老熟幼虫在树下3~6厘米土层内结茧以前蛹越冬。1代区6月上旬羽化、产卵，6月中旬至9月上中旬幼虫发生危害。2~3代区5月中旬至6月上旬羽化；第一代幼虫5月下旬至7月中旬发生；第二代幼虫7月下旬至9月中旬发生；第三代幼虫9月上旬至10月发生，均以老熟幼虫入土结茧越冬。卵多散产于叶面上，卵期7天左右。低龄幼虫啃食叶肉，留下一层表皮，大龄幼虫取食全叶，虫量多时，常从枝的下部叶片吃至上部，每枝仅存顶端几片嫩叶。

防治方法

农业防治　冬春季耕翻树盘，利用低温和鸟食消灭土中越冬的虫茧。

生物防治　喷洒青虫菌6号悬浮剂1000倍液，杀虫保叶。

化学防治　卵孵化盛期和低龄幼虫期喷洒30%杀虫双水剂1500~2000倍液或80%杀螟丹可溶性粉剂2000倍液，50%辛硫磷乳油或45%马拉硫磷乳油1000倍液、5%顺式氰戊菊酯乳油2000倍液等。

28 金毛虫（图2-28-1至图2-28-5）

属鳞翅目毒蛾科。又名桑斑褐毒蛾、纹白毒蛾、桑毒蛾、黄尾毒蛾、黄尾白毒蛾等。

分布与寄主

分布　全国产区。

寄主　柿、山楂、板栗、桃、杏、苹果、石榴、樱桃等果树和林木。

危害特点 初孵幼虫群集叶背面取食叶肉，仅留透明的上表皮，稍大后分散危害，将叶片吃成大的缺刻，重者仅剩叶脉，并啃食幼果和果皮。

形态诊断 成虫：雌体长14～18毫米，翅展36～40毫米；雄体长12～14毫米，翅展28～32毫米；全体及足白色；触角双栉齿状；雌、雄蛾前翅近臀角处有褐色斑纹，雄蛾前翅在内缘近基角处还有一个褐色斑纹。卵：直径0.6～0.7毫米，淡黄色，上有黄色绒毛。幼虫：体长26～40毫米，头黑褐色，体黄色，背线红色；体背面有一橙黄色带，带中央贯穿一红褐间断的线；前胸背面两侧各有一红色瘤，其余各节背瘤黑色，瘤上生黑色长毛束和白色短毛。蛹：长9～11.5毫米。茧：长13～18毫米，椭圆形，淡褐色。

发生规律 1年发生2～6代，以幼虫结灰白色薄茧在枯叶、树杈、树干缝隙及落叶中越冬。2代区翌年4月开始危害春芽及叶片。一、二、三代幼虫危害高峰期主要在6月中旬、8月上中旬和9月上中旬，10月上旬前后开始结茧越冬。成虫昼伏夜出，产卵于叶背，形成长条形卵块，卵期4～7天。每代幼虫历期20～37天。幼虫有假死性。天敌主要有黑卵蜂、矮饰苔寄蝇、桑毛虫绒茧蜂等。

防治方法

农业防治 冬春季刮刷老树皮，清除园内外枯叶杂草，消灭越冬幼虫。在低龄幼虫集中危害时，摘虫叶灭虫。

生物防治 掌握在2龄幼虫高峰期，喷洒多角体病毒，每毫升含15000颗粒的悬浮液，每亩喷洒20升。

化学防治 幼虫分散为害前，及时喷洒2.5%溴氰菊酯乳油或20%氰戊菊酯乳油3000倍液、10%联苯菊酯乳油4000～5000倍液、52.25%蜱·氯乳油2000倍液、50%辛硫磷乳油1000倍液、10%吡虫啉可湿性粉剂2500倍液。

29 茶长卷叶蛾（图2-29-1，图2-29-2）

属鳞翅目卷蛾科。又名茶卷叶蛾、后黄卷叶蛾、褐带长卷蛾、茶淡黄卷叶蛾、柑橘长卷蛾。

分布与寄主

分布 华东、华南、西南各板栗产区。

寄主 柿、板栗、枣、石榴、苹果、柑橘等果树。

危害特点 初孵幼虫缀结叶尖，潜居其中取食上表皮和叶肉，残留下表皮，致卷叶呈枯黄薄膜斑，大龄幼虫食叶成缺刻或孔洞。

形态诊断 成虫：雌体长10毫米，翅展23～30毫米，体浅棕色；触角丝状；前翅近长方形，浅棕色，翅尖深褐色，翅面散生许多深褐色细纹；后翅肉黄色，扇形，前缘、外缘茶褐色。雄体长8毫米，翅展19～23毫米，前翅黄褐色，基部中央、翅尖浓褐色，前缘中央具一黑褐色圆形斑，前缘基部具一浓褐色近椭圆形突出；后翅浅灰褐色。卵：扁平椭圆形，长0.8毫米，浅黄色。幼虫：体长18~26毫米，体黄绿色，头黄褐色，前胸背板近半圆形，褐色，两侧下方各具2个黑褐色椭圆形小角质点，胸足色暗。蛹：长11~13毫米，深褐色。

发生规律　浙江、安徽1年发生4代，以幼虫蛰伏在卷苞里越冬。翌年4月下旬成虫羽化产卵。第一代卵期4月下旬至5月上旬，幼虫期在5月中旬至5月下旬，成虫期在6月份。二代卵期在6月，幼虫期6月下旬至7月上旬，成虫期在7月中旬。7月中旬至9月上旬发生第三代。9月上旬至翌年4月发生第四代。成虫昼伏夜出，有趋光性、趋化性，卵多产于老叶正面。初孵幼虫在幼嫩芽叶内吐丝缀结叶尖潜居其中取食，老熟后多离开原虫苞重新缀结2片老叶，在其中化蛹。天敌有松毛虫赤眼蜂、小蜂、茧蜂、寄生蝇等。

防治方法

农业防治　冬季剪除虫枝，清除枯枝落叶和杂草，减少虫源。发生期及时摘除卵块和虫果及卷叶团，集中消灭。

生物防治　在第一、二代成虫产卵期释放松毛虫赤眼蜂，每代放蜂3~4次，5~7天1次，每亩每次放蜂量2.5万头。

化学防治　每代卵孵化盛期喷洒青虫菌，每克含100亿孢子1000倍液，可混入0.3%茶枯或0.2%中性洗衣粉提高防效；或喷洒白僵菌300倍液；90%晶体敌百虫或50%杀螟硫磷乳油1000倍液、2.5%三氟氯氰菊酯乳油2000~3000倍液、10%氯菊酯乳油1500倍液等。

30　舟形毛虫（图2-30-1至图2-30-8）

属鳞翅目舟蛾科。又名苹掌舟蛾、苹果天社蛾、黑纹天社蛾、举尾毛虫、举肢毛虫、秋黏虫、苹天社蛾、苹黄天社蛾等。

分布与寄主

分布　全国各产区。

寄主　苹果、山楂、核桃、樱桃、梨、杏、桃、李、板栗、枇杷等果树和林木。

危害特点　初龄幼虫啃食叶肉，仅留表皮，呈箩底状，稍大后把叶食成缺刻或仅残留叶柄，严重时把叶片吃光，造成二次开花。

形态诊断　成虫：体长22~25毫米，翅展49~52毫米，头胸部淡黄白色，腹背雄蛾浅黄褐色，雌蛾土黄色，末端均淡黄色；触角丝状；前翅银白色，在近基部生一长圆形斑，外缘有6个椭圆形斑，横列成带状，各斑内端灰黑色，外端茶褐色，中间有黄色弧线隔开；翅中部有淡黄色波浪状线4条；后翅浅黄白色，近外缘处生一褐色横带。卵：球形，直径约1毫米，初淡绿渐变灰色。幼虫：体长55毫米左右，被灰黄长毛；头、前胸、臀板、足均黑色，胴部紫黑色，体侧具3

条紫红色线，并具多个淡黄色的长毛簇。蛹：长20~23毫米，暗红褐色至黑紫色，腹末有臀棘6根。

发生规律 1年发生1代，以蛹在树冠下土中越冬，翌年7月上旬至下旬羽化，成虫昼伏夜出，趋光性强。卵多产在树体东北面的中下部枝条的叶背，数十粒或百余粒密集成块。卵期6~13天。低龄幼虫傍晚至早晨或阴天群集叶面，头向叶缘排列成行，由叶缘向内啃食。低龄幼虫遇惊扰或震动时，成群吐丝下垂。稍大后分散取食，白天多栖息在叶柄或枝条上，头尾翘起，状似小舟，故称舟形毛虫。幼虫期31天左右，成龄后食量大，常把叶片吃光。幼虫老熟后下树入土化蛹越冬。

防治方法

农业防治 冬春季翻耕树盘，利用低温和鸟食消灭越冬蛹；在幼虫分散危害前，及时剪除幼虫群居的枝叶烧毁；利用幼虫吐丝下垂的习性，人工震落捕杀幼虫。

生物防治 在卵发生期的7月中下旬释放松毛虫赤眼蜂，卵被寄生率可达95%以上，灭卵效果好。也可在幼虫期喷洒每克含300亿孢子的青虫菌粉剂1000倍液。

物理防治 成虫发生期利用黑光灯诱杀成虫。

化学防治 卵孵化前后和幼虫分散危害前是树上施药的关键期。可喷洒48%毒死蜱乳油或40%乙酰甲胺磷乳油、50%杀螟硫磷乳油1000~1200倍液；90%晶体敌百虫800倍液、20%戊菊酯乳油1500~2000倍液、10%醚菊酯乳油800~1000倍液；25%灭幼脲悬浮剂1500倍液、3%啶虫脒乳油2000倍液等。

31 折带黄毒蛾（图2-31-1至图2-31-6）

属鳞翅目毒蛾科。又名黄毒蛾、柿黄毒蛾、杉皮毒蛾。

分布与寄主

分布 除西藏、青海、新疆未见报道外，其他各产区均有分布。

寄主 柿、山楂、板栗、苹果、苹果、枇杷等果树和林木。

危害特点 幼虫食芽、叶，将叶吃成缺刻或孔洞，严重的将叶片吃光，并啃食幼嫩枝条的皮。

形态诊断 成虫：雌体长15~18毫米，翅展35~42毫米；雄略小；体黄色或浅橙黄色；触角栉齿状，雄较雌发达；前翅黄色，中部具棕褐色宽横带1条，从前缘外斜至中室后缘，折角内斜止于后缘，形成折带，故称折带黄毒蛾；带两侧为浅黄色线镶边，翅顶区具棕褐色圆点2个，位于近外缘顶角处及中部偏前；后翅无斑纹，基部色浅，外缘色深；缘毛浅黄色。卵：半圆形，淡黄色，直径0.5~0.6毫米，数十粒至数百粒成块，排列为2~4层，上覆有黄色绒毛。幼虫：

体长30~40毫米，头黑褐色，上具细毛；体黄色或橙黄色，胸部和第五至十腹节背面两侧各具黑色纵带1条；臀板黑色，第八节至腹末背面为黑色；第一、二腹节背面具长椭圆形黑斑，毛瘤长在黑斑上；各体节上毛瘤暗黄色或暗黄褐色，其中一、二、八腹节背面毛瘤大而黑色，毛瘤上有黄褐色或浅黑褐色长毛。胸足褐色，腹足淡黑色，蛹：长12~18毫米，黄褐色。茧：椭圆形，长25~30毫米，灰褐色。

发生规律　1年发生2代，以3~4龄幼虫在树洞或树干基部树皮缝隙、杂草、落叶等杂物下结网群集越冬。翌年春上树危害芽叶。老熟幼虫5月底结茧化蛹，6月中下旬越冬代成虫羽化，交尾产卵，卵期14天左右。第一代幼虫7月初孵化，危害到8月底老熟化蛹。第一代成虫9月羽化，9月下旬出现第二代幼虫，危害到秋末寻找合适场所越冬。成虫昼伏夜出，卵多产在叶背。幼虫孵化后多群集叶背危害，并吐丝网群居枝上，老龄时多至树干基部、各种缝隙吐丝群集，多于早晨及黄昏取食。天敌有寄生蝇等20多种。

防治方法

农业防治　①冬春季清除园内及四周落叶杂草，刮树皮，树干涂石灰水，杀灭越冬幼虫。②发生季节及时摘除卵块或分散危害前摘叶，捕杀群集幼虫。

化学防治　低龄幼虫期叶面喷洒80%敌敌畏乳油或48%毒死蜱乳油、50%杀螟硫磷乳油、50%马拉硫磷乳油1000~1200倍液、2.5%溴氰菊酯乳油或20%氰戊菊酯乳油3000~3500倍液、10%联苯菊酯乳油4000倍液或52.25%蜱·氯乳油1500倍液等。

32 舞毒蛾（图2-32-1至图2-32-5）

属鳞翅目毒蛾科。又名柿毛虫、松针黄毒蛾、秋千毛虫。

分布与寄主

分布　全国各产区。

寄主　柿、板栗、苹果、柑橘等500余种植物。

危害特点　初孵幼虫群栖危害，稍大后分散危害，白天潜藏在树皮缝、枝杈、树下杂草等多种隐蔽场所，傍晚上树。幼虫蚕食叶片，严重时整树叶片被吃光。

形态诊断　成虫：雄虫体长18~20毫米，翅展45~47毫米，暗褐色；头黄褐色，触角羽状褐色；前翅外缘色深呈带状，翅面上有4~5条深褐色波状横线，中室中央有一黑褐色圆斑，中室端横脉上有一黑褐色“<”形斑纹，外缘脉间有7~8个黑点；后翅色较淡，外缘色较浓成带状。雌虫体长25~28毫米，翅展70~75毫米，污白微黄色；触角黑色短羽状，前翅上的横线与斑纹同雄虫相似，暗褐色；后翅近外缘有一条褐色波状横线；外缘脉间有7个暗褐色点；腹部肥大，末端密生黄褐色鳞毛。卵：卵圆形，0.9~1.3毫米，黄褐至灰褐色。幼虫：体长50~70毫米，头

黄褐色，正面有“八”字形黑纹；胴部背面灰黑色，背线黄褐，腹面带暗红色，胸、腹足暗红色；各体节各有6个毛瘤横列，背面中央的一对色艳，上生棕黑色短毛，两侧的毛瘤上生黄白与黑色长毛一束。蛹：长19~24毫米，红褐至黑褐色。

发生规律 1年发生1代，以卵块在树体上、树下砖石块等处越冬。寄主发芽时孵化，初龄幼虫日间多群栖，夜间取食，受惊扰吐丝下垂借风力扩散，故称秋千毛虫。稍大后分散取食，白天栖息在树杈、皮缝或树下土石缝中，傍晚成群上树取食。幼虫期50~60天，6月中下旬陆续老熟爬到隐蔽处结薄茧化蛹，蛹期10~15天。7月成虫大量羽化。成虫有趋光性，雄蛾白天在枝叶间飞舞；雌体大、笨重，很少飞行，常在化蛹处附近产卵，在树上多产于枝干的阴面，卵400~500粒成块，形状不规则，上覆雌蛾腹末的黄褐色鳞毛。天敌主要有舞毒蛾黑瘤姬蜂、喜马拉雅聚瘤姬蜂、脊腿匙宗瘤姬蜂、舞毒蛾卵平腹小蜂、梳胫饰腹寄蝇、毛虫追寄蝇、隔脑狭颊寄蝇等。

防治方法

农业防治 冬春季清理树下砖石、土块，消灭越冬卵。幼虫发生期利用幼虫白天下树潜伏习性，在树干基部堆砖石瓦块，诱集捕杀幼虫。

生物防治 保护和利用天敌。

化学防治 ①在幼虫孵化盛期和分散危害前，喷洒90%晶体敌百虫或50%杀螟硫磷乳油、50%辛硫磷乳油、90%杀螟丹可湿性粉剂1000倍液，2. 5%溴氰菊酯乳油或20%氰戊菊酯乳油、1. 8%阿维菌素乳油、10%联苯菊酯乳油3000倍液、52. 25%蜱·氯乳油1500~2000倍液。②于傍晚幼虫上树前，在树干上喷洒高效低毒低残留的触杀剂或在树干上涂50~60厘米宽的药带，毒杀幼虫。

33 褐角肩网蝽（图2-33-1，图2-33-2）

属半翅目网蝽科。

分布与寄主

分布 安徽及周边产区。

寄主 板栗、栎等。

危害特点 以成虫、若虫刺吸寄主植物芽、叶及幼嫩部分汁液，受害叶表面出现白色斑点，重则叶片枯黄早落。

形态诊断 成虫：体长2. 5毫米，宽1. 2毫米；触角灰黄色，顶端纺锤形，头部具小网室；前胸背板较宽，侧背板略上卷且宽于胸背，被网室；前翅宽椭圆形，端部合为一，中部至端部有一个明显褐色“X”形斑。卵：长圆形，0. 44毫米×0. 17毫米，深褐色。若虫：末龄若虫体长2毫米，灰白色；头部有头刺5根，触角灰黄色；翅芽白色；腹侧第五至九节各有刺1对，腹背第三、五、六、八节上各有粗黑刺1根。

发生规律 安徽1年发生3代，以成虫于枯枝落叶和土块、石缝等隐蔽处越冬。越冬成虫4月下旬开始活动，产卵于叶背主脉表皮下，卵期21～28天。初孵若虫群集叶背主脉两侧危害，排泄物黑色，胶状，黏附于叶背。若虫喜群集，成虫期长，世代重叠。此虫第一代多在寄主下部危害，沟边和屋旁栎类受害较重。

防治方法

农业防治 9月份在树干上绑草诱集越冬成虫；冬春季彻底清除树干上束草、园内杂草、落叶，集中烧毁，消灭越冬虫源。

化学防治 4月中下旬至5月下旬，越冬成虫出蛰后及一代若虫孵化盛期及时喷洒50%马拉硫磷乳油或90%晶体敌百虫1000～1500倍液、50%敌敌畏乳油或40%辛硫磷乳油1000倍液、52. 25%蜱·氯乳油2000倍液、2. 5%三氟氯氰菊酯乳油或20%甲氰菊酯乳油2000倍液等。

34 硕蝽（图3-34-1至图3-34-7）

属半翅目蝽科。

分布与寄主

分布 山东、河南、安徽、河北、内蒙古、陕西、浙江、福建、广东、贵州、江西、广西、四川、湖南、湖北、台湾等地。

寄主 梨、板栗、山楂、猕猴桃、桑、茶、油桐等多种果树和林木。

危害特点 以若虫和成虫刺吸嫩芽、幼叶，造成顶梢枯死，严重影响果树开花结果。

形态诊断 成虫：体长25～34毫米，体宽11. 5～17毫米，椭圆形，酱褐色，具金属光泽，头和前胸背板前半、小盾片两侧近绿色，小盾片上有较强的皱纹，腹下近绿色或紫铜色；触角基部3节黑；足同体色；第一腹节背面近前缘处有1对发音器，梨形，由硬骨片与相连接的膜组成，通过鼓膜振动能发出“叽、叽”的声音，用来驱敌和寻偶。

发生规律 各地1年均发生1代。以4龄若虫在寄主植物附近的杂草丛中蛰伏越冬，翌年5月间活动。若虫期脱皮4次共5龄。成虫飞行力强，喜在树体上部活动，有假死性。

防治方法

农业防治 冬春季清除园地枯叶杂草，集中烧毁或深埋。成虫、若虫危害期，掌握在成虫产卵前，于清晨震落捕杀。

化学防治 成虫产卵期和若虫期喷洒25%溴氰菊酯乳油2000倍液或10%氯菊酯乳油1000～1500倍液、40%辛硫磷乳油600～1000倍液、10%乙氰菊酯乳油800～1000倍液等。

35 栗剪枝象甲（图2-35-1）

属鞘翅目象甲科。

分布与寄主

分布 河南、河北、山东、辽宁等产区。

寄主 板栗及栎类。

危害特点 成虫产卵前，在距栗蓬2~5厘米处将结栗蓬的果枝咬断，但仍有一部分皮相连，结栗蓬的果枝倒悬挂起，然后在栗蓬上咬一槽产卵其中，幼虫先沿栗蓬皮层蛀食，最后蛀食果肉，虫道内充满虫粪，果实多脱落。

形态诊断 成虫：雌成虫体长6.5~8.2毫米，宽2.9~3.2毫米，长椭圆形，触角着生在喙中间，体蓝黑色有光泽，鞘翅上各有10行刻点纵沟；雄成虫喙背面刻点明显，触角着生于喙端部2/5处，前胸背板前区较宽，基部前外侧有一长尖的镰状齿。幼虫：体乳白色，弯曲有皱纹。

发生规律 1年发生1代，以幼虫在土中越冬。翌年5月化蛹，6月上旬至下旬成虫羽化出土，交尾产卵。成虫白天在树冠下部取食嫩蓬，夜晚静栖，有假死性，受惊后落地。成虫产卵于栗苞上，幼虫孵化后在栗蓬上取食，一部分栗蓬受害落地，一部分仍倒挂树上，幼虫先蛀食蓬皮而后蛀入果内，危害30余天老熟后从栗实内脱出，入土筑室越冬。雌虫一生可剪断40多个果枝。

防治方法

农业防治 冬春季深翻树盘，利用低温冻害和鸟食消灭越冬蛹；在成虫发生期利用其假死性，振动树枝，树下铺一块大塑料布，将成虫集中杀死；幼虫发生期随时捡拾落地果枝和栗蓬，集中烧毁或深埋。

化学防治 6月上旬成虫出土前，地面喷洒40%辛硫鳞乳油1000倍液、45%马拉硫磷乳油800倍液、50%杀螟硫磷乳油1500倍液、20%甲氰菊酯乳油或2.5%溴氰菊酯乳油2000倍液；或撒10%辛硫磷颗粒剂，喷洒（撒）后用齿耙将药土耙匀，毒杀未出土幼虫。成虫发生期叶面喷洒上述药剂防治。

36 大灰象甲（图2-36-1，图2-36-2）

属鞘翅目，象甲科。又名大灰象鼻虫。

分布与寄主

分布 全国各板栗产区。

寄主 板栗、枣、核桃、柑橘等果树。

危害特点 成虫食害幼芽、嫩叶和嫩梢，重者吃光芽、叶；幼虫于土中食害地下组织。

形态诊断 成虫：体长8~12毫米，灰黄至灰黑色，密被灰白、灰黄、黄褐色鳞片；触角膝状，端部膨大呈棒状，着生于头管前端；头管短宽背面具3条纵沟；前胸稍长，两侧略呈圆形，背面中央有一条纵沟；鞘翅略呈圆形，末端较尖，鞘翅上各有10条纵刻点列和不规则的"U"形黑褐色斑纹；雄鞘翅末端和腹末均较钝圆，雌均尖削；后翅退化；末节腹面雌有2个灰白色斑点，雄为黑白相间的横带。卵：长椭圆形，长1.2毫米，乳白至黄褐色。幼虫：长约17毫米，乳白色，无足，胴部1~3节两侧各有毛瘤1个，其间有横列刚毛6根，以后各节各有横列刚毛8根；臀板近圆形，有刚毛4根。蛹：长约10毫米，乳白至暗灰色。

发生规律 1年发生1代，少数寒冷地区2年1代。以成虫于土中越冬，4月开始出土活动，先危害杂草，而后爬到果树幼树、苗木上食害新芽、嫩叶，以4~5月危害最烈。成虫昼伏夜出，有假死性。6月陆续产卵于叶上，多将叶缘纵合成饺子状，产卵于其中。卵期7天左右。幼虫孵化后入土生活，取食植物地下部组织，至晚秋于土中化蛹，羽化后在土中越冬。2年1代者第一年以幼虫越冬，第二年危害至秋季老熟化蛹、羽化，以成虫越冬。

防治方法

农业防治 冬春耕翻园地，利用低温、鸟食消灭越冬成虫；成虫发生期，早、晚张网震落成虫，捕杀之。

生物防治 保护利用天敌。

化学防治 ①地面施药，4月成虫出土前和幼虫孵化入土前，树下撒施5%辛硫磷颗粒剂或50%辛硫磷乳油每亩0.3~0.4千克加细土30~40千克拌匀成毒土撒施，或稀释500~600倍液均匀喷于地面，施药后及时浅耙。②树上施药。于卵孵化前后，叶面喷洒50%杀螟硫磷乳油或45%马拉硫磷乳油、48%哒嗪硫磷乳油、52.25%蜱·氯乳油1500倍液，或2.5%溴氰菊酯乳油2000~3000倍液等。

37 木橑尺蠖（图2-37-1，图2-37-2）

属鳞翅目尺蛾科。又名核桃尺蠖、木橑尺蛾、洋槐尺蠖、木橑步曲、吊死鬼、小大头虫、棍虫。

分布与寄主

分布 除西藏、青海等产区未见报道外，其他各产区均有分布。

寄主 核桃、板栗、山楂、木橑、苹果、柿等果树和林木。

危害特点 幼虫食叶成缺刻或孔洞，重者把整枝叶片吃光。长江以北产区常局部重度发生，造成很大危害。

形态诊断 成虫：体长17~31毫米，翅展54~78毫米，翅体白色，头棕黄色；触角雌丝状，雄短羽状；胸背有棕黄色鳞毛，中央有一浅灰色斑纹，前后翅均有不规则的灰色和橙色斑点，中室端部呈灰色不规则块状，在前后翅外缘线上各有一串橙色和深褐色圆斑；前翅基部有一个橙色大圆斑；雌腹部肥大，末端具棕黄色毛丛；雄腹瘦，末端鳞毛稀少。卵：椭圆形，初绿色渐变至黑色。幼虫：体长70毫米左右，体色似树皮，体上布满灰白色颗粒小点；头部密布白色、琥珀色、褐色泡沫状突起，头顶两侧呈马鞍状突起；前胸盾前缘两侧各有一突起，气门两侧各生一个白点；胴部第二至第十节前缘亚背线处各有一灰白色圆斑。蛹：长30~32毫米，黑褐色。

发生规律 华北1年发生1代，浙江1年发生2~3代，以蛹在树冠下土缝或园地土块、砖石下等各种隐蔽场所越冬。华北5~8月成虫于夜晚羽化，成虫昼伏夜出，趋光性较强。每雌可产卵1000~3000粒，卵产于树皮缝或石块上，数十粒成块上覆棕黄色鳞毛。卵期9~11天。5月下旬至10月为幼虫发生期，8月危害严重。初孵幼虫有群集性，较活泼，可吐丝下垂借风力传播，2龄后分散危害。幼虫期40天左右，老熟后入土，多在3厘米深处群集化蛹越冬。

防治方法

农业防治 冬春季彻底清园，并翻耕园地，利用低温和鸟食消灭土中越冬蛹。幼虫发生期摇树震落捕杀幼虫。园内放养鸡、鸭啄食幼虫。

物理防治 利用黑光灯诱杀成虫或清晨人工捕捉。

化学防治 各代幼虫孵化盛期，特别是第一代幼虫孵化期，喷洒50%氰戊菊酯乳油2000~3000倍液或50%杀螟硫磷乳油1000倍液、90%晶体敌百虫800~1000倍液、50%辛硫磷乳油1200倍液等。依据物候期施药第一次掌握在发芽初期，第二次在芽伸长35厘米时为宜。

38 黑额光叶甲（图2-38-1，图2-38-2）

属鞘翅目肖叶甲科。

分布与寄主

分布 全国各产区。

寄主 枣、板栗、花椒等果树。

危害特点 以成虫食害嫩芽和叶片成孔洞或缺刻，重时可将生长点吃光，影响树冠生长。

形态诊断 成虫：体长6.5~7毫米，宽3毫米，长方形至长卵圆形，头漆黑；前胸红褐色或黄褐色，光亮，有的生黑斑；三角形小盾片、鞘翅黄褐色至红褐色，鞘翅基部、中后部各具黑色宽横带1条；触角细短，基部4节黄褐色，其余黑色；雄虫腹面红褐色，雌虫腹面大部分呈黑色；本种背面黑斑、腹部颜色差异大；足基节、转节黄褐色，其余为黑色；头部在两复眼间横向下凹，头顶高凸；鞘翅刻点稀疏，呈不规则排列。

发生规律 不详。

防治方法

农业防治 利用成虫假死性，震落捕杀。

化学防治 成虫发生期叶面喷洒40%毒死蜱乳油1000倍液或20%哒嗪硫磷乳油800~1000倍液、2.5%溴氰菊酯乳油3000倍液、10%氯氰菊酯乳油2000~3000倍液、20%氰戊菊酯乳油2000倍液等。

39 铜绿金龟（图2-39-1至图2-39-3）

属鞘翅目丽金龟科。又名铜绿丽金龟、淡绿金龟子、青金龟子，俗称铜克螂、金克螂、瞎碰等。

分布与寄主

分布 全国除新疆、西藏、青海等少数产区未见报道外，其他产区均有分布。

寄主 梨、山楂、核桃、樱桃、板栗、杏、石榴、苹果、葡萄、柑橘等果树。

危害特点 成虫食害叶、芽及花器，食叶成孔洞或缺刻，顶芽被害后，主茎停止生长；花器受害易脱落。幼虫危害地下组织。

形态诊断 成虫：体长15~18毫米，宽8~10毫米，体铜绿色；头部较大，深铜绿色；触角9节鳃叶状；前胸背板发达闪光绿色；鞘翅为黄铜绿色，有光泽，并有不甚明显隆起带；胸部腹板黄褐色有细毛；腹部米黄色，雌虫腹面乳白色。卵：椭圆形，2.3毫米×2.2毫米，乳白色。幼虫：体长32毫米左右，头黄褐色，体乳白色，通称蛴螬。蛹：体长22~25毫米，淡黄色。

发生规律 1年发生1代，以幼虫在土内越冬。翌春3月上到表土层，5月化蛹，6月上旬至7月中旬成虫危害盛期，危害期40天左右。6月下旬至7月中旬产卵，卵多散产在4~14厘米土层中，卵期7~13天，6月中旬至7月下旬幼虫孵化，危害至深秋下移至深土层越冬。成虫昼伏夜出，飞翔力强，有较强的趋光性和假死性，晚上交尾产卵食叶危害，白天潜伏土中，喜欢栖息在深度7厘米左右疏松潮湿的土壤里。幼虫在土壤中钻蛀，危害地下根部。

防治方法

农业防治 冬前耕翻园地，利用冰冻、日晒、鸟食消灭越冬幼虫。成虫发生期于傍晚摇动树枝，下铺布单或塑料薄膜震落成虫捕杀之。

物理防治 用黑光灯诱杀。

化学防治 基肥里全面喷洒50%辛硫磷乳油或20%辛·阿乳油、20%甲氰菊酯乳油1000~1500倍液等，搅拌混匀，触杀幼虫。成虫发生危害期，叶面喷洒15%辛·阿乳油或90%晶体敌百虫800~1000倍液、10%氯氰菊酯乳油1500~2000

倍液、5%顺式氰戊菊酯乳油2000~3000倍液等触杀成虫。

40 苹毛丽金龟（图2-40-1，图2-40-2）

鞘翅目丽金龟科。又名苹毛金龟子、长毛金龟子。

分布与寄主

分布　黑龙江、吉林、辽宁、内蒙古、宁夏、甘肃、青海、陕西、山西、北京、河北、河南、山东、安徽、江苏、上海、浙江、重庆、四川等地。

寄主　苹果、石榴、梨、核桃、桃、李、杏、葡萄、山楂、板栗、草莓、黑莓、海棠等。

危害特点　成虫食害嫩叶、芽及花器；幼虫危害地下组织。

形态诊断　成虫：体长8.9~12.5毫米，宽5.5~7.5毫米。卵圆至长圆形，除鞘翅和小盾片外，全体密被黄白色绒毛。头胸部古铜色，有光泽；鞘绒翅茶褐色，具淡绿色光泽，上有纵列成行的细小点刻。触角鳃叶状9节，棒状部3节。从鞘翅上可透视出后翅折叠成“V”字形。腹部末端露出鞘翅。卵：椭圆形，长1.5毫米，初乳白后变为米黄色。幼虫：体长约15毫米，头黄褐色，头部前顶刚毛每侧7~8根，呈一纵列，后顶刚毛每侧10~11根，呈簇状，额中侧毛每侧2根，较长。臀节肛腹片覆毛区中央具2列刺毛，相距较远，每列前段由短锥状刺毛6~12根组成，后段为长针状刺毛6~10根，排列整齐。蛹：长卵圆形，长12.5~13.8毫米，宽5.5~6.0毫米，初黄白后变黄褐色。

发生规律　1年发生1代，以成虫在土中越冬。翌春3月下旬开始出土活动，主要危害蕾花，4月中旬至5月上旬危害最盛；成虫发生期40~50天，于5月中下旬成虫活动停止。4月中旬开始产卵，产卵盛期为4月下旬至5月上旬，卵期20~30天，幼虫期60~80天。幼虫发生盛期为5月底至6月初。7月底开始化蛹，化蛹盛期为8月中下旬。9月中旬开始羽化，羽化盛期为9月中旬，羽化后的成虫不出土，即在土中越冬。成虫具假死性，无趋光性，当平均气温达20℃以上时，成虫在树上过夜；温度较低时潜入土中过夜。成虫最喜食花器，故随寄主现蕾、开花早迟而转移危害，一般先危害杏、桃，后转至梨、苹果及石榴上危害。卵多产于9~25厘米土层中，并多选择土质疏松且植被稀疏的场所产卵，单雌产卵8~56粒，一般20余粒。天敌有红尾伯劳、灰山椒鸟、黄鹂等益鸟和朝鲜小庭虎甲、深山虎甲、粗尾拟地甲及寄生蜂、寄生蝇、寄生菌等。

防治方法　此虫虫源来自多方面，特别是荒地虫量最多，故应以消灭成虫为主。

农业防治　早、晚张网震落成虫，捕杀之。

生物防治　保护利用天敌。

化学防治　①地面使药，控制潜土成虫。常用药剂有5%辛硫磷颗粒剂每亩3

千克撒施、50%辛硫磷乳油每亩0.3~0.4千克加细土30~40千克拌匀成毒土撒施、稀释500~600倍液均匀喷于地面。使用辛硫磷后应及时浅耙，提高防效。②树上使药。于果树接近开花前，结合防治其他害虫喷洒52.25%蜱·氯乳油或50%二嗪磷乳油或45%马拉硫磷乳油或48%哒嗪硫磷乳油1500倍液、2.5%溴氰菊酯乳油2000~3000倍液等。

41 小青花金龟（图2-41-1至图2-41-3）

属鞘翅目花金龟科。又名小青花潜、银点花金龟、小青金龟子。

分布与寄主

分布　全国除新疆未见报道外，其他各地均有分布。

寄主　板栗、苹果、梨、李、杏、桃等果树。

危害特点　成虫食害芽、花器和嫩叶；幼虫危害植物地下部组织。

形态诊断　成虫：体长11~16毫米，宽6~9毫米，长椭圆形稍扁，背面暗绿、绿色或黑褐色，腹面黑褐色；体表密布淡黄色毛和点刻。头较小，黑褐色或黑色；前胸背板半椭圆形，前窄后宽，其上有3个白斑；小盾片三角状；鞘翅狭长，翅面上生有白色或黄白色绒斑。卵：椭圆形，长1.7毫米×1.2毫米，乳白至淡黄色。幼虫：体长32~36毫米，体乳白色，头部棕褐色或暗褐色；臀节肛腹片后部生刺状刚毛。蛹：长14毫米，淡黄白至橙黄色。

发生规律　1年发生1代，北方以幼虫越冬，江南以幼虫、蛹或成虫越冬。以成虫越冬的翌年4月上旬出土活动，4月下旬到6月盛发。以末龄幼虫越冬的，成虫于5~9月陆续出现，雨后出土多。成虫白天活动、喜食花器，春季多群集食害花和嫩叶，导致落花，并随寄主开花早晚转移危害；成虫飞行力强，具假死性，夜间多入土潜伏。卵散产在土中、杂草或落叶下，尤喜产卵于腐殖质多的场所。幼虫孵化后以腐殖质为食，并危害根部，老熟后化蛹于浅土层。

防治方法

农业防治　冬春季耕翻果园，利用低温和鸟食消灭地下幼虫；随时清除果园杂草、落叶，不在果园内堆放未腐熟的农家肥；春季开花期张网震落成虫捕杀之。

化学防治　必要时叶面喷洒2.5%溴氰菊酯乳油1500倍液或5%顺式氰戊菊酯乳油3000倍液、25%喹硫磷乳油1000倍液、48%哒嗪硫磷乳油1500倍液等。

42 樟蚕（图2-42-1至图2-42-6）

属鳞翅目大蚕蛾科。又名天蚕、枫蚕、渔丝蚕等。

分布与寄主

分布 除西北、西南少数地区外，全国其他各产区均有分布。

寄主 樟树、板栗、银杏、枫树等林木和果树。

危害特点 以幼虫啮食叶片，低龄幼虫啃食叶肉，仅留表皮，随虫龄增大，食量大增，食叶成缺刻或仅剩下叶柄和主脉，严重时可将叶片全部吃光。

形态诊断 成虫：体长32～35毫米，翅展100～115毫米，翅灰褐色，翅近中部各有1个眼状纹，后翅臀角圆钝。卵：椭圆形，长1.7毫米，宽1.1毫米，初乳白略显微蓝色渐至浅灰黑色，幼虫：雌虫体长95～100毫米，雄虫体长75～80毫米；体黄绿色，背线、亚背线、气门线黄色，体被黄刺。茧：丝质网状，红褐色。

发生规律 1年发生1代，以蛹在枝干分杈处及树皮缝隙等处结茧越冬。翌年成虫羽化期：广东1月上旬至2月中旬；福建2月上旬至3月上旬；浙江3月上旬至4月上旬。成虫羽化最适温度为16～17℃。成虫有强趋光性，飞翔力弱。卵块产于枝干上，几十粒至百余粒单层整齐排列，上被黑色绒毛。卵期20天。2～4月间幼虫相继活动，1～3龄幼虫群集取食，4龄以后分散危害，5月下旬至7月下旬幼虫陆续老熟结茧化蛹。幼虫期约80天、经8个龄期：1龄幼虫体黑色，头上丛生长而细的白毛，各环节的背面及体侧着生很多圆柱状瘤状突起，突起上生数根细毛；2龄起体转青色，头部为黑色，背线、亚背线、气门上线及气门下线均为深蓝色，突起上生有硬刺；3龄体上具有稀少的小黑点；7龄体背面变黄色，腹面青色；8龄瘤状突起上的硬刺均集团向上，柔软而光泽，且失去分泌毒汁刺人的能力，老熟时全体略透明，浅青色，老熟后吐丝在树干上结茧。

防治方法

农业防治 采茧灭蛹。利用该虫蛹期长、结茧密集的特点，于冬春季组织人力将茧从树上撕下，脚踩、深埋、喂养家禽或烧毁。

物理防治 于成虫羽化盛期的2～3月间用黑光灯诱杀成虫。

生物防治 雨季初期，喷洒白僵菌制剂，杀虫效果良好。

化学防治 卵孵化盛期及低龄幼虫期（1～4龄）防治是关键，①果园熏烟。用741敌敌畏插管烟剂于早晚静风时，在果园内释放，效果较好。②叶面喷药防治。可喷洒20%除虫脲悬浮剂2000倍液或90%晶体敌百虫乳剂500～800倍液、40%辛硫磷乳油1000倍液、20%二嗪磷乳油1500倍液、5%氟氯氰菊酯乳油2500～3000倍液、80%氟丙菊酯乳油3000～4000倍液等。

43 板栗巢沫蝉（图2-43-1至图2-43-3）

属同翅目棘沫蝉科。

分布与寄主

分布 全国板栗产区。

寄主　板栗。

危害特点　生活在石灰质巢管内自身分泌的泡沫液体中，群集于嫩梢部吸汁危害。

形态诊断　成虫：体长4~5毫米，全体绿色，翅透明。卵：细长椭圆形，乳白色。若虫：橙褐色。

发生规律　1年发生1代，以卵在被害枝内越冬。6月上旬越冬卵孵化。7月间石灰质巢管大量形成，也是若虫危害高峰期。8月上旬成虫羽化，产卵于嫩枝条内。

防治方法

农业防治　冬春季及时剪除产卵枯枝，集中处理。

化学防治　6~7月若虫集中危害时，重点于嫩梢部喷洒40%二嗪磷乳油1000倍液或50%辛硫磷乳油800倍液、50%毒死蜱乳油1500倍液、20%戊菊酯乳油1500~2000倍液、10%乙氰菊酯乳油800~1000倍液等。

44 八点广翅蜡蝉（图2-44-1至图2-44-3）

属同翅目广翅蜡蝉科。又名八点蜡蝉、八点光蝉、八斑蜡蝉、橘八点光蝉、咖啡黑褐蛾蜡蝉、黑羽衣、白雄鸡。

分布与寄主

分布　全国多数产区。

寄主　樱桃、板栗、柿、桃、杏、石榴、柑橘等果树枝、叶。

危害特点　成虫、若虫刺吸嫩枝、芽、叶汁液；排泄物易引发病害；雌虫产卵时将产卵器刺入嫩枝茎内，破坏枝条组织，被害嫩枝轻则叶枯黄、长势弱，难以形成叶芽和花芽，重则枯死。

形态诊断　成虫：体长6~7毫米，翅展18~27毫米，头胸部黑褐色；触角刚毛状；翅革质密布纵横网状脉纹，前翅宽大，略呈三角形，翅面被稀薄白色蜡粉，翅上具灰白色透明斑5~6个；后翅半透明，翅脉煤褐色明显，中室端有一白色透明斑。卵：长卵圆形，长1.2~1.4毫米，乳白色。若虫：低龄乳白色；成龄体长5~6毫米，宽3.5~4毫米，体略呈钝菱形，暗黄褐色；腹部末端有4束白色绵毛状蜡丝，呈扇状伸出，中间一对略长；蜡丝覆于体背以保护身体，常可作孔雀开屏状，向上直立或伸向后方。

发生规律　1年发生1代，以卵在当年生枝条里越冬。若虫5月中下旬至6月上、中旬孵化，低龄若虫常数头排列于一嫩枝上刺吸汁液危害，4龄后散害于枝梢叶果间，爬行迅速善于跳跃，若虫期40~50天。7月上旬成虫羽化，飞行力较强且迅速，寿命50~70天，危害至10月。成虫产卵期30~40天，卵产于当年生嫩枝木质部内，产卵孔排成一纵列，孔外带出部分木丝并覆有白色絮状蜡丝，极易发现与识别。成虫有趋聚产卵的习性，虫量大时被害枝上刺满产卵迹痕。

防治方法

农业防治 冬春剪除被害产卵枝集中烧毁，减少翌年虫源。

化学防治 虫量多时，于6月中旬至7月上旬若虫羽化危害期，喷洒48%哒嗪硫磷乳油1000倍液或10%吡虫啉可湿性粉剂3000～4000倍液、5%氟氯氰菊酯乳油2000～2500倍液等。药液中加入含油量0.3%~0.4%的柴油乳剂或黏土柴油乳剂，可溶解虫体蜡粉显著提高防效。

45 柿广翅蜡蝉（图2-45-1至图2-45-4）

属同翅目广翅蜡蝉科。

分布与寄主

分布 全国产区。

寄主 柿、山楂、梨、苹果、桃、李、板栗、柑橘等果树。

危害特点 成虫、若虫群集嫩枝、芽、叶背上刺吸汁液；成虫产卵于当年生枝条内。影响枝条生长和叶片光合作用，重者造成产卵部以上枯枝、落叶、落果。

形态诊断 成虫：体长8.5～10毫米，翅展24～36毫米；头、胸背面及腹面深褐色，腹部基部黄褐色；前翅宽阔多纵脉，烟褐色，前缘外1/3处有一个三角形或半圆形透明斑；后翅为暗褐色，半透明。卵：长卵形，长0.8～1.2毫米，乳白色。若虫：体长3~6毫米，略呈钝菱形，翅芽处最宽，疏被白色蜡粉；腹部末端有10条白色绵毛状蜡丝，呈扇状伸出，蜡丝长6～15毫米，常可作孔雀开屏状，向上直立或伸向后方，保护身体；1～4龄若虫白色；5龄若虫中胸背板及腹背面为灰黑色，头、胸、腹、足均为白色，中胸背板有3个白斑，斑中有1个小黑点，呈倒“品”字形排列。

发生规律 南方1年发生2代，以卵于当年生枝条内越冬。越冬卵4月上旬孵化，4月中旬至6月上旬若虫盛发，6月下旬至8月上旬成虫发生，7月中旬至8月中旬产卵。第一代若虫盛发期在8～9月，成虫发生期在9～10月，产卵期在9月上旬至10月下旬。低龄若虫群集危害，稍大后分散，白天活动。成虫羽化初体白色渐变为黑褐色，飞行能力强善跳跃，产卵于当年生直径3～6毫米嫩枝背面光滑处，及叶柄、果柄、叶背叶脉的皮层内，产卵孔外带出部分木丝并覆有白色绵毛状蜡丝。成虫寿命50～70天，危害至秋后陆续死亡。

防治方法

农业防治 冬春季剪除被害产卵枝，并清除果园杂草和四周的杂灌，集中烧毁，以减少虫源。

化学防治 在两代低龄若虫发生危害期，喷洒48%哒嗪硫磷乳油1000倍液或10%吡虫啉可湿性粉剂3000～5000倍液、10%氯菊酯乳油2000～2500倍液、

2%氟丙菊酯乳油1500～2000倍液等。药液中加入含油量0.3%～0.4%的柴油乳剂或黏土柴油乳剂，可溶解虫体蜡粉显著提高防效。

46 大青叶蝉（图2-46-1至图2-46-5）

属鞘翅目象甲科。又名青叶跳蝉、青叶蝉、大绿浮尘子、桑浮尘子。

分布与寄主

分布 全国各产区。

寄主 柿、核桃、苹果、桃、葡萄、枣、板栗、樱桃、山楂、柑橘等果树。

危害特点 以成虫和若虫刺吸芽、叶汁液，致叶褪色、畸形、卷缩甚至枯死，并可传播病毒病。

形态诊断 成虫：体长7～10毫米，雄较雌略小，青绿色；头橙黄色，左右各具一小黑斑，眼红色；前翅革质绿色微带青蓝，端部色淡近半透明；前翅反面、后翅和腹背均黑色，腹部两侧和腹面橙黄色。卵：长卵圆形，长约1.6毫米，乳白至黄白色。若虫：与成虫相似，共5龄，初龄灰白色；2龄淡灰微带黄绿色；3龄灰黄绿色，胸腹背面有4条褐色纵纹，出现翅芽；4、5龄同3龄，老熟时体长6～8毫米。

发生规律 北方1年发生3代，以卵在树木枝条表皮下越冬。4月孵化，于杂草、农作物及花卉上危害，若虫期30～50天。各代发生期大体为：第一代4月上旬至7月上旬，成虫5月下旬出现；第二代6月上旬至8月中旬，成虫7月出现；第三代7月中旬至11月中旬，成虫9月出现。世代重叠严重。成虫夏季趋光性强，晚秋不明显。产卵于茎秆、叶柄、主脉、枝条等组织内，每处产卵6～12粒，排列整齐，表皮成肾形凸起。非越冬卵期9～15天，越冬卵期5个月以上。春季主要危害花卉及杂草等植物，9、10月则集中于秋季花卉及其他植物上危害，10月中下旬第三代成虫陆续转移到果树、木本花卉和林木上危害并产卵于枝条内，直至秋后，以卵越冬。

防治方法

农业防治 彻底清除园内外杂草，减少叶蝉生活场所；发现产卵虫枝及时剪除销毁；夏季灯光诱杀第二代成虫，减少三代的发生。

化学防治 成虫、若虫危害期，喷洒90%晶体敌百虫1000倍液或2.5%溴氰菊酯乳油2000～3000倍液、10%吡虫啉可湿性粉剂3000倍液、52.25%蜱·氯乳油1500倍液；2%异丙威粉剂每亩2千克等。

47 六星吉丁虫（图2-47-1至图2-47-4）

属鞘翅目吉丁虫科。又名六星金蛀甲、六斑吉丁虫、溜皮虫、串皮虫。

分布与寄主

分布 除西藏、新疆未见报道外，其他各地均有分布。

寄主 枣、苹果、板栗、桃、樱桃、枇杷等果树。

危害特点 幼虫蛀食枝干皮层及木质部，在枝干皮层内盘旋，使木质部与韧皮部内外分离。被害部表皮变成褐色，稍凹陷，常流出红褐色树液，皮层干裂枯死。严重时整株枯死。成虫食叶成缺刻或孔洞。

形态诊断 成虫：体长11～14毫米，宽约5毫米，头、前胸背板、鞘翅赤铜色具紫红色闪光；触角11节；小盾片三角形；鞘翅上有4条光洁的纵脊，鞘缝隆起光洁；翅基、翅中央约2/3处各有一凹陷的金斑，具赤铜色闪光；鞘翅端钝圆，侧缘2/5处至端部呈不规则的锯齿状，腹面铜绿色至赤铜色。卵：乳白色，椭圆形。幼虫：体长16～26毫米，体扁头小，腹部白色，第一节特别膨大，中央有黄褐色"人"形纹，第三、四节短小，以后各节比三、四节大。蛹：乳白色。

发生规律 1年发生1代，以幼虫在木质部内越冬。5月中下旬羽化，中午觅偶交尾。卵多产在主干分杈和树皮裂缝中，卵期20天左右。6月下旬至7月初幼虫孵化，幼虫蛀食树干韧皮部，至8月下旬进入木质部约15毫米深，幼虫期270天左右。成虫也咬食枝叶，补充营养。天敌有啄木鸟、寄生蜂等。

防治方法

农业防治 加强综合管理，增强树势，避免产生伤口和日灼；成虫羽化前及时清除死树、枯枝消灭其中虫体，减少虫源；成虫发生期于清晨在树下铺塑料膜，震落成虫集中捕杀之，隔3～5天震一次效果较好。

生物防治 保护利用天敌。

化学防治 成虫羽化初期枝干上涂刷辛硫磷乳油、马拉硫磷乳油或菊酯类药剂或其复配药剂200～300倍液，触杀效果良好，隔15天涂1次，连涂2～3次。成虫出树后产卵前喷洒48%毒死蜱乳油或50%杀螟硫磷乳油1000倍液、10%氯氰菊酯乳油或52.25%蜱·氯乳油1500倍液等。

48 栗绛蚧（图2-48-1，图2-48-2）

属同翅目红蚧科。

分布与寄主

分布 全国各产区。

寄主 板栗等果树。

危害特点 以若虫和雌成虫固贴在板栗一年生枝梢上吸汁危害，导致延迟萌芽和长叶，树势生长衰弱，重致枝干及整树枯死。

形态诊断 成虫：雌成虫介壳球形，长5.7～6.7毫米，初嫩绿色至黄绿色，稍扁，老熟后膨大成球形，深褐色有光泽，上有黑褐色不规则圆形或椭圆形斑。若虫：体椭圆形，长0.3毫米，肉黄色。

发生规律 1年发生1代，以若虫在树枝的裂缝、芽痕等隐蔽处越冬。翌年3月上旬日平均气温达10℃以上时越冬若虫出蛰取食。3月中旬以后，部分若虫蜕皮变为雌成虫，继续取食危害，是栗绛蚧主要危害期。雌成虫在4月上中旬体积增大较快，卵在母蚧体内孵化。5月中旬至6月上旬日平均气温26℃左右、天气晴朗时，初孵若虫陆续从母蚧体内爬出并扩散，母蚧腹面留下大量的白色碎屑状卵壳。

防治方法

农业防治 3~4月重剪有虫枝条，携出园外集中销毁；同时加强肥水管理，促发新芽。

化学防治 ①树干涂药环。3月中下旬，在树干距地50厘米高处，刮除老皮成20厘米宽环状，于环处涂抹40%辛硫磷乳油500倍液加柴油按1：5的比例混合、20%哒嗪硫磷乳油200倍液等，涂后用塑料薄膜包扎。②树体喷药。5月中下旬树体喷洒10%氯菊酯乳油1500~2000倍液、10%乙氰菊酯乳油800~1000倍液、5%氟啶脲乳油1500~2000倍液、松碱合剂16~20倍液或茶饼松碱合剂16~20倍液等，10~15天1次，连续2~3次。

49 栗链蚧（图2-49-1，图2-49-2）

属同翅目链蚧科。

分布与寄主

分布 全国板栗产区。

寄主 板栗。

危害特点 以若虫和雌成虫固贴在叶片和枝条上刺吸汁液，受害叶片和受害枝条表面凹凸不平，表皮皱缩开裂，轻则不能正常抽出健壮的母枝，重则全枝枯死。

形态诊断 成虫：雌成虫略呈圆形，黄绿色或黄褐色，透明，直径1~2毫米，背面突起，有3条纵脊及不明显的横带。若虫：初孵若虫椭圆形，暗红色，长约0.3毫米，口器发达。

发生规律 1年发生2代。以受精雌成虫在板栗一年生枝条上越冬，翌年3月下旬气温回升时开始活动。5月上中旬是第一代若虫孵化盛期，6月中旬为第二代若虫孵化盛期。

防治方法

农业防治 冬春季剪除有虫枝条，消灭越冬虫源。

化学防治 ①树冠喷药。若虫孵化盛期为喷药防治的关键期，可喷洒1.8%杀虫双水剂800倍液、25%溴氰菊酯乳油1500倍液、5%顺式氰戊菊酯乳油

3000~4000倍液、40%辛硫磷乳油1000倍液等。②打孔注药防治。对于树冠高大、喷雾困难的栗树，可以采用打孔注药的方法进行防治，以40%二嗪磷乳油原液或48%毒死蜱乳油原液兑水1 ∶ 1，打孔注药，该措施能抑制栗链蚧虫口密度，且对天敌的影响较小。

50 草履蚧（图2-50-1至图2-50-8）

属同翅目绵蚧科。又名柿草履蚧、草履硕蚧、草鞋介壳虫。

分布与寄主

分布 全国各产区。

寄主 山楂、柿、板栗、桃、樱桃、杏、石榴、苹果、柑橘等果树、林木。

危害特点 若虫和雌成虫刺吸嫩枝芽、叶、枝干和根的汁液,削弱树势，重者致树枯死。

形态诊断 成虫：雌体长10毫米，扁平椭圆，背面隆起似草鞋，体背淡灰紫色，周缘淡黄，体被白蜡粉和许多微毛；触角黑色丝状；腹部8节，腹部有横皱褶和纵沟；雄体长5~6毫米，翅展9~11毫米，头胸黑色，腹部深紫红色，触角黑色念珠状；前翅紫黑至黑色，后翅特化为平衡棒。卵：椭圆形，长1~1. 2毫米，淡黄褐色，卵囊长椭圆形，白色绵状。若虫：体形与雌成虫相似，体小色深。雄蛹：褐色，圆筒形，长5~6毫米。

发生规律 1年发生1代，以卵和若虫在土缝、石块下或10~12厘米土层中越冬。卵于2~3月上旬孵化为若虫并出土上树，初多于嫩枝、幼芽上危害，行动迟缓，喜于皮缝、枝叉等隐蔽处群栖，稍大喜于较粗的枝条阴面群集危害；雌若虫5月中旬至6月上旬羽化，危害至6月陆续下树入土分泌卵囊，产卵于其中，以卵越夏越冬。天敌有红环瓢虫、暗红瓢虫等。

防治方法

农业防治 雌成虫下树产卵前，在树干基部挖坑，内放杂草等诱集产卵，后集中处理。阻止初龄若虫上树。若虫上树前将树干老翘皮刮除10厘米宽1周，上涂胶或废机油，隔10~15天涂1次，涂2~3次，注意及时清除环下的若虫。树干光滑者可直接涂。

生物防治 保护利用自然天敌。

化学防治 若虫发生期喷洒48%哒嗪硫磷乳油1500倍液或50%辛硫磷乳油1000倍液、2. 5%溴氰菊酯乳油2000倍液、5%顺式氰戊菊酯乳油2000~3000倍液。隔7~10天1次，连续防治3~4次。

51 康氏粉蚧（图2-51-1至图2-51-4）

属同翅目粉蚧科。又名梨粉蚧、李粉蚧、桑粉蚧。

分布与寄主

分布　全国各产区。

寄主　樱桃、板栗、柿、枣、石榴、苹果、梨、桃、柑橘等果树。

危害特点　成虫、若虫刺吸植物的幼芽、嫩枝、叶片、果实和根部的汁液；嫩枝和根部受害常肿胀且易纵裂而枯死；幼果受害多成畸形果。排泄物常引发煤污病的发生，影响光合作用。

形态诊断　成虫：雌体长3~5毫米，扁平椭圆形，体粉红色，表面被有白色蜡质物，体缘具有17对白色蜡丝，体前端的蜡丝较短，后端稍长，而最末一对特长，几乎与体长相等；雄成虫体长约1毫米，紫褐色，翅透明仅1对，翅展约2毫米，后翅退化成平衡棒。卵：椭圆形，长约0. 3毫米，浅橙黄色。若虫：体扁平椭圆形，长约0. 4毫米，淡黄色，外形似雌成虫。蛹：仅雄虫有蛹期，浅紫色。

发生规律　黄淮地区1年发生3代。以卵在树干、枝条粗皮缝隙或石缝土块中以及其他隐蔽场所越冬。翌年春果树发芽时，越冬卵孵化成若虫开始危害幼嫩部分。第一代若虫发生在5月中下旬，第二代若虫发生在7月中下旬，第三代在8月下旬。雌成虫在枝干粗皮裂缝内或果实萼筒柄洼等处产卵，有的将卵产在土内。在产卵时，雌成虫分泌大量似絮状蜡质卵囊，卵即产在卵囊内，数十粒集中成块。天敌有草蛉、瓢虫等。

防治方法

农业防治　在晚秋树干束草或绑扎破麻袋，诱雌成虫产卵，翌年春卵孵化之前将草束等物取下烧毁。冬春季刮树皮或用硬毛刷子刷除越冬卵，集中烧毁或深埋。

生物防治　可人工饲养和释放捕食性草蛉、瓢虫等天敌。

化学防治　早春喷施5%轻柴油乳剂或3~5波美度石硫合剂；在各代若虫孵化期喷洒5%氟虫脲乳油1200倍液或90%晶体敌百虫1500倍液，50%杀螟硫磷乳油或10%醚菊酯乳油1000倍液。

52　枣龟蜡蚧（图2-52-1至图2-52-5）

属同翅目蜡蚧科。又名日本蜡蚧、日本龟蜡蚧、龟蜡蚧、龟甲蜡蚧。俗称枣虱子。

分布与寄主

分布　全国除新疆、西藏未见报道外，其他各产区均有发生。

寄主　樱桃、柿、板栗、桃、枣、杏、石榴、柑橘等果树。

危害特点　若虫固贴在叶面上吸食汁液，排泄物布满枝叶，7~8月雨季易引起大量煤污菌寄生，使叶、枝条、果实布满黑霉，影响光合作用和果实生长。

形态诊断 雌成虫：椭圆形，紫红色，背覆白蜡质介壳，表面有龟状凹纹，体长约3毫米，宽2～2.5毫米；雄成虫：体长1.3毫米，翅展2.2毫米，体棕褐色，头及前胸背板色深，触角丝状；翅1对白色透明。卵：椭圆形，长径约0.3毫米，橙黄至紫红色。若虫：体扁平椭圆形，长0.5毫米，后期虫体周围出现白色蜡壳。蛹：仅雄虫在介壳下化为裸蛹，梭形，棕褐色。

发生规律 1年发生1代，以受精雌虫密集在1～2年生小枝上越冬。越冬雌虫4月初开始取食，5月下旬至7月中旬产卵，卵期10～24天。6月中旬至7月上旬孵化，初孵若虫多爬到嫩枝、叶柄、叶面上固着取食，8月初雌雄开始性分化，8月下旬至10月上旬雄虫羽化，交配后即死亡。雌虫陆续由叶转到枝上固着危害，至秋后越冬。卵孵化期间，空气湿度大，气温正常，卵的孵化率和若虫成活率高。天敌有瓢虫、草蛉、长盾金小蜂、姬小蜂等。

防治方法

防治关键期是雌虫越冬期和夏季若虫前期。

农业防治 从11月至翌年3月刮刷树皮裂缝中的越冬雌成虫，剪除虫枝；冬春季遇雨雪天气，及时敲打树枝震落冰凌，可将越冬雌虫随冰凌震落。

生物防治 保护利用天敌。

化学防治 黄淮地区在4月下旬树冠喷洒25%噻嗪酮可湿性粉剂1000～1500倍液；或在6月末7月初，喷洒50%甲萘威可湿性粉剂400～500倍液或20%甲氰菊酯乳油3000～4000倍液、20%啶虫脒可湿性粉剂2000倍液等、秋后或早春喷洒5%的柴油乳剂防效好。

53 板栗透翅蛾（图2-53-1，图2-53-2）

属鳞翅目透翅蛾科。又名赤腰透翅蛾。

分布与寄主

分布 山东、江苏等产区。

寄主 板栗。

危害特点 幼虫串食枝干皮层，尤以主干中下部受害重，可致整株枯死。

形态诊断 成虫：体长15～21毫米，翅展37～42毫米，形似马蜂；触角两端尖细；头部、中胸背板橘黄色；雌腹部第一、四、五节，雄第一节有橘黄色横带，第二、三腹节赤褐色，末节橘黄色；翅透明，脉和缘毛茶褐色。卵：扁椭圆形，长0.9毫米，淡红褐色。幼虫：体长41毫米左右，污白色，头褐色，前胸盾具褐色倒“八”字纹，臀板褐色。蛹：长14～18毫米，黄褐色。

发生规律 1年发生1代，少数2年1代。以2龄幼虫在危害处越冬，翌年3月中下旬开始危害，5～7月进入危害盛期，7月中下旬老熟作茧化蛹。8月上中旬至9月上旬羽化，成虫白天活动，有趋光性，卵散产在大树主干下部树皮裂缝内或虫孔旁边。卵期15天左右，8月下旬至9月中下旬孵化，孵化后即蛀入皮内危害，10月上旬达2龄开始越冬。2年1代者幼虫第三年化蛹羽化。

防治方法

农业防治　加强管理，增强树势；保护树体减少伤口，减轻危害；成虫产卵前涂刷涂白剂，以防产卵；9月中旬卵孵化盛期刮除树干上的粗糙翘皮，集中烧毁消灭初孵幼虫和卵。

化学防治　①药剂涂干。3~4月用煤敌溶液（煤油1~1.5千克加入80%敌敌畏乳油50克）涂抹枝干被害处，杀虫率高达95%。②树干喷药。成虫盛发期在树干喷洒40%辛硫磷乳油1000倍液或50%杀螟硫磷乳油800倍液、50%辛·溴乳油2000倍液等。

54 栗山天牛（图2-54-1至图2-54-4）

属鞘翅目天牛科。

分布与寄主

分布　全国各产区。

寄主　栗树、苹果、梨、梅等果树。

危害特点　幼虫先蛀食皮层，而后蛀入木质部，纵横回旋蛀食并向外蛀有通气孔、排粪孔。排出粪便和木屑，引起枝干枯死，易被风折。

形态诊断　成虫：体长40~48毫米，宽10~15毫米，灰褐被棕黄色短毛，触角11节，近黑色，约为体长的1.5倍；头顶中央有一条深纵沟；前胸两侧较圆，有皱纹，背面有许多不规则的横皱纹，鞘翅周缘有细黑边，后缘呈圆弧形，内缘角生尖刺；足细长。幼虫：体长约70毫米，乳白色疏生细毛，头部较小淡黄褐色，胴部13节，背板淡褐色，前半部横列2个凹字形纹。蛹：体长45~50毫米，黄褐色。

发生规律　2~3年发生1代，以幼虫在虫道内越冬。成虫7~8月发生，卵多产于10~30年生、3米以上部位的大树枝干上，产卵前先咬破树皮成槽，将卵产于槽内，每槽1粒，幼虫孵出后即蛀食皮层，而后蛀入木质部，纵横回旋蛀食，并向外蛀通气孔和排粪孔，将粪和木屑排出孔外，危害至晚秋在虫道内越冬。翌年4月份继续危害，老熟幼虫在虫道端部蛀椭圆形蛹室化蛹，羽化后咬一孔脱出。

防治方法

农业防治　成虫发生期捕杀成虫。

化学防治　在成虫羽化产卵期喷洒40%辛硫磷乳油或80%敌敌畏乳油、90%晶体敌百虫1000倍液、2.5%溴氰菊酯乳油2000~2500倍液、20%甲氰菊酯乳油2500~3000倍液等，重点喷洒树干至淋洗状态，毒化树皮，毒杀咬产卵槽的成虫或槽内初孵幼虫。

55 薄翅锯天牛（图2-55-1，图2-55-2）

属鞘翅目天牛科。又名中华薄翅天牛、薄翅天牛、大棕天牛。

分布与寄主

分布 除西北、东北少数地区外，全国其他产区均有分布。

寄主 板栗、苹果、山楂、枣、柿、核桃等果树。

危害特点 幼虫于枝干皮层和木质部内蛀食，隧道走向不规律，内充满粪屑，削弱树势，重者致树枯死。

形态诊断 成虫：体长30~52毫米，宽8.5~14.5毫米，略扁，红褐至暗褐色；头密布颗料状小点和灰黄细短毛，触角丝状；前胸背板密布刻点、颗粒和灰黄短毛；鞘翅扁平，基部宽于前胸，向后渐狭，鞘翅上各具3条纵隆线；后胸腹板被密毛；雌腹末常伸出很长的伪产卵管。卵：长椭圆形，长约4毫米，乳白色。幼虫：体长约70毫米，乳白至淡黄白色；头黄褐大部缩入前胸内；胴部13节，第一节最宽，背板淡黄，中央生一条淡黄纵线；第二至十节背面和四至十节腹面有小颗粒状突起，具3对极小的胸足。蛹：长35~55毫米，初乳白渐变黄褐色。

发生规律 2~3年1代，以幼虫于隧道内越冬。寄主萌动时开始危害，落叶时休眠越冬。6~8月间成虫出现。成虫喜于衰弱、枯老树上产卵，卵多产于树皮外伤、缝隙和被病虫侵害之处。幼虫孵化后蛀入皮层，斜向蛀入木质部后再向上或下蛀食，隧道较宽不规则，隧道内充满粪便与木屑。幼虫老熟时多蛀到接近树皮处，蛀椭圆形蛹室于内化蛹。羽化后成虫向外咬圆形羽化孔爬出。

防治方法

农业防治 加强综合管理增强树势，及时去掉衰弱枯死枝集中处理，减少树体伤口。注意伤口涂药消毒保护，以减少成虫产卵。产卵后期刮粗翘皮，消灭卵和初孵幼虫，刮皮后应涂消毒保护剂。用细铁丝插入新鲜的排粪孔，刺杀蛀道内幼虫。

化学防治 ①成虫产卵前，在干枝上喷洒40%辛硫磷乳油或20 %辛·氰乳油、10%吡虫啉乳油、5%氟虫脲乳油80~100倍液等。②用注射器向新鲜排粪孔注射上述药液，每孔最多注10毫升，注后用湿泥封孔。

56 核桃天牛（图2-56-1至图2-56-6）

属鞘翅目天牛科。又名核桃大天牛、云斑天牛、白条天牛等。

分布与寄主

分布 全国各产区。

寄主 核桃、板栗、无花果、苹果、山楂、梨、枇杷等果树。

危害特点 成虫食叶和嫩枝皮；幼虫蛀食枝干皮层和木质部，削弱树势，重者致枝或全树枯死。

形态诊断 成虫：体长57~97毫米，宽17~22毫米，黑褐色；前胸背板有2个肾状白斑，小盾片白色；鞘翅基部1/4处密布黑色颗粒，翅面上具不规则白色云状毛斑，略呈2、3纵行；体腹面两侧从复眼后到腹末具白色纵带1条。卵：长椭圆形，长7~9毫米，白至土褐色。幼虫：体长74~100毫米，稍扁，黄白色；头稍扁平深褐色，长方形，1/2缩入前胸，外露部分近黑色；前胸背板近方形，橙黄色，中后部两侧各具纵凹1条，并具暗褐色颗粒状突起，背板两侧白色，上具橙黄色半月形斑1个；后胸和第一至七腹节背、腹面具“口”形骨化区。蛹：长40~90毫米，初乳白渐变黄褐色。

发生规律 2~3年发生1代，以成虫或幼虫在蛀道中越冬。越冬成虫于5~6月间咬羽化孔钻出树干，交尾后产卵于树干或斜枝下面，尤以距地面2米内的枝干着卵多。产卵时先在枝干上咬一椭圆形蚕豆粒大小的产卵刻槽，产卵后，用细木屑堵住产卵口。成虫寿命1个月左右。卵期10~15天，6月中旬进入孵化盛期，初孵幼虫把皮层蛀成三角形蛀道，木屑和粪便从蛀孔排出，致树皮外胀纵裂，是识别云斑天牛危害的重要特征。后蛀入木质部，在粗大枝干里多斜向上方蛀，在细枝内则横向蛀至髓部再向下蛀，隔一定距离向外蛀一通气排粪孔。幼虫活动范围的隧道里基本无木屑和虫粪，其余部分则充满木屑和粪便。危害至深秋休眠越冬，翌年4月继续活动。8~9月老熟幼虫在肾状蛹室里化蛹。羽化后越冬于蛹室内，第三年5~6月才出树。3年1代者，第四年5~6月成虫出树。

防治方法

农业防治 及时剪除虫枝烧毁；成虫发生期及时捕杀成虫，消灭在产卵之前；成虫产卵盛期后挖卵和初龄幼虫；用细铁丝插入新鲜排粪孔内刺杀幼虫。

化学防治 ①产卵盛期后常检查发现产卵刻槽，可用杀螟硫磷乳油等10~20倍液涂抹，杀卵及初龄幼虫效果好。②蛀入木质部的幼虫可从新鲜排粪孔注入药液，用50%辛硫磷乳油或90%晶体敌百虫、20%甲氰菊酯乳油10~20倍液等，每孔最多注射10毫升，然后用湿泥封孔，杀虫效果很好，注意药液不能注的太多，以能杀死幼虫并被树体吸收为度，注多了易引起烂干。③成虫发生期喷洒40%毒死蜱乳油或50%辛硫磷乳油、90%晶体敌百虫1000倍液、5%顺式氰戊菊酯乳油3000~4000倍液、10%醚菊酯乳油800~1000倍液等。

57 柳干木蠹蛾（图2-57-1，图2-57-2）

属鳞翅目木蠹蛾科。又名柳乌木蠹蛾、柳干蠹蛾、榆木蠹蛾、大褐木蠹蛾、黑波木蠹蛾、红哈虫。

分布与寄主

分布 全国除西藏、新疆未见报道外，其他各产区均有分布。

寄主 板栗、苹果、李、核桃、杏等果树。

危害特点 幼虫在根颈、根及枝干的皮层和木质部内蛀食，形成不规则的隧道，削弱树势，重致枯死。

形态诊断 成虫：体长26~35毫米，翅展50~78毫米；体灰褐至暗褐色；触角丝状；前翅翅面布许多长短不一的黑色波状横纹，亚缘线黑色前端呈“Y”形；后翅灰褐色，中部具一褐色圆斑。卵：椭圆形，长约1.3毫米，乳白至灰黄色。幼虫：体长70~80毫米，头黑色，体背鲜红色，体侧及腹面色淡；胸足外侧黄褐色，腹足趾钩双序环。蛹：长椭圆形，长50毫米，棕褐至暗褐色。

发生规律 2年1代，以幼虫越冬。第一年以低龄和中龄幼虫于隧道内越冬，第二年以高龄和老熟幼虫在树干内或土中越冬。以老熟幼虫越冬者，翌春4~5月于隧道口附近的皮层处或土中化蛹。发生期不整齐，4月下旬至10月中旬均可见成虫，6~7月较多。成虫善飞翔，昼伏夜出，趋光性不强，喜于衰弱树、孤立或边缘树上产卵，卵多产在树干基部树皮缝隙和伤口处，数十粒成堆，卵期13~15天。幼虫孵化后蛀入皮层，再蛀入木质部，多纵向蛀食，群栖危害，多的可达200头，有的还可蛀入根部致树体倒折。

防治方法

农业防治 产卵前树干涂石灰水，既杀卵又防病；成虫发生期黑光灯杀成虫；幼虫危害初期挖除皮下群集幼虫杀之，并用保护剂涂抹伤口保护。

化学防治 ①树干喷药。成虫产卵期树干2米以下喷洒50%辛硫磷乳油400~500倍液，25%辛硫磷胶囊剂200~300倍液等，毒杀卵和初孵幼虫。②虫孔抹药泥。幼虫危害期可用80%敌敌畏乳油或25%喹硫磷乳油30~50倍液对黏土和成药泥塞入虫孔。③药液涂干。用25%抑食肼悬浮剂与柴油1：9的混合液涂抹被害处，毒杀初侵入幼虫。

58 光滑材小蠹（图2-58-1）

属鞘翅目小蠹科。

分布与寄主

分布 南方及西南各产区。

寄主 板栗、柿、山楂、核桃等果树。

危害特点 成虫、幼虫在木质部内蛀食，影响树势，重者致树枯死。

形态诊断 成虫：雌体长2.1~2.3毫米，宽约0.8毫米，体棕褐色，前胸背板红褐色，鞘翅暗褐至黑褐色；头隐前胸背板下；触角顶部锤状；前胸背板长过鞘翅的一半，背板上布满颗瘤，背板绒毛短小，小盾片钝三角形；鞘翅两侧平行。雄成虫体长1.6～1.8毫米，宽约0.6毫米，栗褐色具强光泽；前胸背板瘤区齿突如短小的横堤，相互近邻成弧线，由下向上渐小止于背顶；鞘翅平坦。卵：近球形，乳白色半透明。幼虫：体长2.2毫米，无足，头浅黄，胴部乳白色12节。蛹：近长筒形，长2毫米，乳白至浅黄色。

发生规律 以成虫在虫道内越冬。成虫多在老翘皮下蛀入树体，蛀孔圆形，直径0.8毫米，蛀道不规则，长短不一，长10～20厘米，蛀道末端为卵室，幼虫在蛀道内危害至老熟化蛹，新羽化的成虫出树期和侵入时，常在树干上爬行并在蛀孔处频繁出入，是药剂防治的关键期。发生世代不详。

防治方法

农业防治 加强综合管理，增强树势，提高抗虫能力；冬春季刮老翘皮并用石灰水涂干。

化学防治 成虫出树期用高浓度触杀剂喷洒树干致淋洗状态，毒杀成虫，可用40%辛硫磷乳油或40%哒嗪硫磷乳油、2%氟丙菊酯乳油、20%氰戊菊酯乳油、2.5%溴氰菊酯乳油1000倍液等。

59 六星黑点蠹蛾（图2-59-1至图2-59-3）

属鳞翅目木蠹蛾科。又名白背斑蠹蛾、栎干蠹蛾、枣树截干虫、胡麻布蠹蛾、豹纹蠹蛾。

分布与寄主

分布 华东、华中、华南及西南等产区。

寄主 樱桃、柿、板栗、桃、枣、石榴、苹果等果树。

危害特点 幼虫蛀入枝干皮层和髓心部危害，致受害处以上枝条生长衰弱，重者枯死，对树体生长和开花结果影响较大。

形态诊断 成虫：雌蛾体长18～30毫米，翅展33～46毫米，体被灰白色鳞片；触角丝状；胸背具近圆形黑斑6个；前翅有10个椭圆形黑斑点，后翅前半部也布较小黑斑；腹部赤褐色，每节均生宽的黑横带，腹部各节有3块黑斑。雄蛾体长18～23毫米，触角双栉齿状，其他特征与雌蛾类似。卵：长椭圆形，长0.9～1毫米，浅黄色。幼虫：体长35～65毫米，头部黑色，大颚黑色发达，前胸板、臀板黄褐至黑褐色；前胸背板前缘有一横脊状突起；胸部浅黄色，背部浅红色，各节具小黑点数个。蛹：长15～29毫米，浅红褐色。

发生规律 多数地区1年发生1代，河南2年完成1代，以幼虫在受害枝干内越冬。陕西4月中旬化蛹，5月中下旬成虫羽化产卵。河南翌年5～6月幼虫在隧道内化蛹，成虫7月羽化。成虫趋光性强，卵多成堆产在中龄枝干树皮上，每堆100～300粒，卵期15天左右。初孵幼虫爬行迅速，受惊吐丝下垂。幼虫从幼嫩枝芽腋处蛀入枝条髓心处危害，从尖端分段下移，大龄幼虫蛀害木质部及髓心部分，常导致枝干萎蔫枯死，果实脱落。老熟幼虫在隧道里做茧化蛹。羽化时，从羽化孔伸出半截蛹体羽化，蛹皮留在羽化孔处。

防治方法

农业防治 幼虫化蛹至羽化前，及时剪掉干枯的枝条，2~7月发现园内有枯黄枝叶也应及时剪除，集中烧毁。坚持2年可基本控制其危害。

生物防治 保护和利用天敌。小茧蜂在越冬后的幼虫体上可连续繁殖2代，在捡拾有虫枝条内，常有一定数量寄生蜂，将虫枝分捆立于林地内，让蜂自然扩散，待5月上旬害虫化蛹后，收集虫枝烧毁，消灭虫枝中害虫。

化学防治 在卵孵化盛期，初孵幼虫蛀入枝、干危害前，喷洒3%乙酰甲胺磷或50%杀螟硫磷乳油1000~1500倍液，能收到良好的杀虫效果。在幼虫初蛀入韧皮部时，用40%毒死蜱柴油液（1 ∶ 9），或50%杀螟硫磷乳油柴油溶液涂虫孔，杀虫率可达100%。

60 黑翅土白蚁（图2-60-1至图2-60-9）

属等翅目白蚁科。

分布与寄主

分布 黄河以南及西南各产区。

寄主 枣、柿、板栗、茶、柑橘等果树。

危害特点 白蚁营巢于土中，取食树木的根茎部，并在树木上修筑泥被，啃食树皮，也能从伤口侵入木质部危害。苗木受害后常枯死，成年树被害后生长不良。此外，还危及堤坝安全。

形态诊断 有翅繁殖蚁：体长12~18毫米，头、胸、腹背面黑褐色，翅暗褐色，触角19节，全身密被细毛，前胸背板中央有1个淡色“十”字形纹。卵：乳白色，椭圆形，长径0.6毫米。兵蚁：体长5~6毫米，头暗黄色，胸、腹部淡黄色至灰白色；头部毛稀疏，胸腹部毛较密集。工蚁：体长5~6毫米，头黄色，胸、腹部灰白色。

发生规律 筑巢地下，危害树木时一般先取食树干表皮和木栓层，后期才向木质部深入。5~6月及9月有2个危害高峰，7~8月则在早、晚和雨后活动。每年4月底5月初在蚁巢附近出现成群的圆锥形突起分飞孔，相对湿度95%以上的闷热天气或大雨后，有翅繁殖蚁从分飞孔飞出，脱翅并雌雄配对后钻入地下建立新巢，成为新蚁巢的蚁后和蚁王，有些位于浅土层的幼龄巢和菌圃腔，在6~8月连降暴雨后，地面上会长出鸡枞菌，可作为确定蚁巢的标志。蚁巢由小到大，一个大巢群内白蚁达200万头以上，兵蚁保卫蚁巢，工蚁担负采食、筑巢和抚育幼蚁等工作，蚁王和蚁后匿居蚁巢内繁殖后代。工蚁在树干上取食时，做泥线或泥坡，可高达数米，形成泥套，这是白蚁危害的重要特征。

防治方法

农业防治 清理杂草、朽木和树根，减少白蚁食料。

物理防治 在白蚁分飞季节用黑光灯诱杀。白蚁诱杀包诱杀，每亩放置15~25个，经2~3个月，蚁巢可被消灭。

化学防治 ①开沟灌药液灭蚁。于树干四周开沟，灌入10%氯氰菊酯乳油或20%氰戊菊酯乳油、10%甲氰菊酯乳油、48%哒嗪硫磷乳油、50%辛硫磷乳油等150~500倍液，然后覆土。②蚁巢灌药。发现蚁巢，用上述药液灌入巢内，每巢1~20千克，杀蚁效果好。

61 黑蝉（图2-67-1至图2-61-9）

属同翅目蝉科。又名蚱蝉，俗名蚂吱嘹、知了、蜘蟟。

分布与寄主

分布 全国各产区。

寄主 山楂、柿、枣、桃、梨、杏、石榴、苹果、核桃、板栗、柑橘等上百种果树和林木。

危害特点 成虫刺吸枝条汁液，并产卵于一年生枝条木质部内，造成枝条枯萎而死。若虫生活在土中，刺吸根部汁液，削弱树势。

形态诊断 成虫：雌体长40~44毫米，翅展122~125毫米；雄体长43~48毫米，翅展120~130毫米；体黑色有光泽，被金色绒毛；中胸背板宽大，中间高并具有“×”形隆起；翅透明；雄虫腹部有鸣器，作“吱”声长鸣，雌虫则无，但有听器。卵：长椭圆形，2.5毫米×0.5毫米，白色。若虫：初孵乳白色，渐至黄褐色，体长30~37毫米；前足开掘式，能爬行。

发生规律 经4~5年完成1代，以卵于被害树枝内及若虫于土中越冬。越冬卵于翌年春孵化，若虫孵化后，潜入土壤中50~80厘米深处，吸食树木根部汁液，在土中生活12~13年。若虫老熟后于6~8月出土羽化，羽化盛期为7月。若虫于夜间出土，高峰时间为20：00~24：00时，出土后不久即羽化为成虫。成虫寿命60~70天，栖息于树枝上，夜间有趋光扑火的习性，白天“吱、吱”鸣叫之声不绝于耳。产卵于当年生嫩梢木质部内，产卵带长达30厘米左右，产卵伤口深及木质部，受害枝条干缩翘裂并枯萎。

防治方法

农业防治 利用若虫出土附在树干上羽化的习性和若虫可食的特点，发动群众于夜晚捕捉食用。成虫发生期于夜间在园内、外堆草点火，同时摇动树干诱使成虫扑火自焚。在雌虫产卵期，及时剪除产卵萎蔫枝梢，集中烧毁。

化学防治 产卵后入土前，喷洒40%辛硫磷乳油或45%马拉硫磷乳油、

50%丙硫磷乳油1000倍液、2. 5%溴氰菊酯乳油或10%氯菊酯乳油2000倍液等。

62 褐刺蛾（图2-62-1至图2-62-7）

属鳞翅目刺蛾科。又名桑褐刺蛾、桑刺毛虫。

分布与寄主

分布 全国除东北、西北少数地区外，其他各产区都有分布。

寄主 樱桃、桃、梨、柿、板栗、葡萄、茶、桑、柑橘、白杨等。

危害特点 初孵幼虫取食叶肉，仅残留透明的表皮，随虫龄增大食叶仅残留叶脉。

形态诊断 成虫：体长1. 5~1. 8厘米，翅展3. 1~3. 9厘米，身体土褐色至灰褐色。前翅前缘近2/3处至近肩角和近臀角处，各具1暗褐色弧形横线，两线内侧衬影状带，外横线较垂直，外衬铜斑不清晰，仅在臀角呈梯形；雌蛾体上斑纹较雄蛾浅。卵：扁椭圆形，黄色，半透明。幼虫：成龄体长3. 5厘米左右，黄色，背线天蓝色，各节在背线前后各具1对黑点，亚背线各节具1对突起，其中后胸及第一、五、八、九腹节突起最大。茧：灰褐色，椭圆形。

发生规律 1年发生2~4代，以老熟幼虫在树干附近土中结茧越冬。3代区成虫分别在5月下旬、7月下旬、9月上旬出现，成虫夜间活动，有趋光性，卵多成块产在叶背，每雌产卵300多粒，幼虫孵化后在叶背群集并取食叶肉，半月后分散为害，取食叶片。老熟后入土结茧化蛹。

防治方法

农业防治 ①处理幼虫危害叶和灭茧。多种刺蛾如丽绿刺蛾、黄刺蛾等的幼龄幼虫多群集取食，被害叶显现白色或半透明的表皮，很容易发现。此时斑块附近常栖有大量幼虫，及时摘除带虫枝、叶，加以处理，效果明显。褐刺蛾、丽绿刺蛾等的老熟幼虫常沿树干下行至树基部或地面结茧，可采取树干绑草等方法诱其结茧及时予以清除。②清除越冬虫茧。刺蛾越冬茧期长达7个月以上，此期果园作业较空闲，可根据不同刺蛾越冬场所之异同采用敲、挖、剪除等方法清除虫茧。

物理防治 利用刺蛾成虫具有较强趋光性的特性，在成虫羽化期于19：00~21：00用灯光诱杀。

生物防治 利用刺蛾天敌防治，如刺蛾紫姬蜂、广肩小蜂、上海青蜂、爪哇刺蛾姬蜂、健壮刺蛾寄蝇等。

化学防治 在刺蛾低龄幼虫期防治效果好，有效药剂有90%晶体敌百虫1500倍液、50%马拉硫磷乳油2000倍液、2. 5%溴氰菊酯乳油3000倍液、20%氰戊菊酯乳油3000倍液、50%杀螟硫磷乳油、 40%辛硫磷乳油1500~2000倍液、

25%甲萘威可湿性粉剂700倍液等叶面喷洒防治。

63 枯叶夜蛾（图2-63-1至图2-63-3）

属鳞翅目夜蛾科。又名通草木夜蛾。

分布与寄主

分布 全国各产区。

寄主 桃、柿、杏、苹果、板栗、柑橘、通草等植物。

危害特点 成虫刺吸果汁，幼虫吐丝缀叶潜伏危害。

形态诊断 成虫：体长35~38毫米，翅展96~106毫米，头胸部棕褐色，腹部杏黄色，触角丝状；前翅色似枯叶，从顶角至后缘内凹处有一黑褐色斜线，翅脉上有许多黑褐小点，翅基部及中央有暗绿色圆纹；后翅杏黄色，中部有一肾形黑斑，亚端区有一牛角形黑纹。卵：扁球形，直径1毫米左右，乳白色。幼虫：体长57~71毫米，头部红褐色，体黄褐或灰褐色；第一、二腹节常弯曲，第八腹节隆起，将七至十腹节连成山峰状；第二、三腹节亚背面各有一眼形斑，中黑并具月牙形白纹，各体节布有许多不规则白纹。蛹：长31~32毫米，红褐至黑褐色。

发生规律 1年发生2~3代，多以成虫越冬，温暖地区有以卵和中龄幼虫越冬的，发生期重叠。成虫多在7~8月危害，昼伏夜出，有趋光性，喜食香甜味浓的果实，7月前危害桃、杏等早中熟果实，后转危害柿、苹果、梨、葡萄等。成虫寿命较长，卵产于叶背；幼虫吐丝缀叶潜伏危害，老熟后缀叶结薄茧化蛹。

防治方法

农业防治 果实套袋防虫；在果园四周挂有香味的烂果诱集，晚22:00后去捕杀成虫。

物理防治 设置高压汞灯，诱杀成虫。

化学防治 ①防治成虫。用果醋或酒糟液加红糖适量配成糖醋液加0.1%晶体敌百虫几滴诱杀成虫；用早熟的去皮果实扎孔浸泡在50倍敌百虫液中，一天后取出晾干，再放入蜂蜜水中浸泡半天，晚上挂在果园里诱杀取食成虫。②防治幼虫。在卵孵化盛期或低龄幼虫期喷洒5%顺式氰戊菊酯乳油或20%甲氰菊酯乳油2000倍液或50%杀螟硫磷乳油1000倍液、25%灭幼脲乳油1200倍液等。

64 柳毒蛾（图2-64-1至图2-64-6）

鳞翅目毒蛾科。又名杨雪毒蛾、杨毒蛾。

分布与寄主

分布 我国北起黑龙江、内蒙古、新疆，南至浙江、江西、湖南、贵州、云南等地及周边地区都有分布，淮河以北密度较大。

寄主 梨、板栗、樱桃、杏、桃、梅、茶树、杨、柳、栎树等多种果树和林木。

危害特点 以幼虫啃食叶片，受害叶片呈缺刻或孔洞状，严重时叶片被食光，仅留叶皮及叶脉，呈网状。

形态诊断 成虫：体长12~13毫米，雄成虫翅展35~45毫米，雌成虫翅展45~60毫米。体白色，具光泽；头、胸、腹部稍带浅黄色，栉齿灰褐色；下唇须、复眼外侧为黑色；足白色，胫节和跗节有黑环。前翅稀布鳞片，微带透明光泽，前缘和基部微带黄色；触角黑色，带有白色环节，黑白相间呈斑点状。卵：直径0.8~1毫米，扁圆形，绿色至褐色，卵块上被灰色泡沫状物。幼虫：老熟幼虫体长35~50毫米；头部灰黑色有棕白色毛；体黄色，亚背线黑褐色，气门上线和下线由黑点组成；体腹面和胸足暗黄色，腹足灰黑色；瘤棕黄色，有黄白色刚毛。蛹：体长15~25毫米，灰褐黑色带黄白色斑，气门棕黑色；刚毛黄白色。

发生规律 东北1年发生1代，华北2代，以2龄幼虫在树皮缝中做薄茧越冬。翌年3~4月中旬，寄主展叶期开始活动，5月中旬幼虫体长10毫米左右，白天爬到树洞里或建筑物的缝隙及树下各种物体下面躲藏，夜间上树为害。6月中旬幼虫老熟后化蛹，6月底成虫羽化，有的把卵产在枝干上，7月初第一代幼虫开始孵化为害，1~2龄幼虫有群集性，可吐丝下垂借风传播；9月底二代幼虫陆续钻入树皮缝中做茧越冬。一、二代卵期10天左右，一代幼虫期35天、二代240天，越冬代蛹期8天，一代为10天。成虫有趋光性，雌虫较明显，夜间活动，多将卵产在树皮或叶片上，堆积成大的灰白色卵块。

防治方法

农业防治 9月初，幼虫下树越冬前，用干草在树干基部捆扎20厘米宽的草脚，翌年3月撤除干草并烧毁。

物理防治 利用成虫有趋光性，可用黑光灯和频振式杀虫灯诱杀。

化学防治 发生盛期用40%辛硫磷乳油1000倍液、或20%氰戊菊酯乳油1500倍液或2%异丙威可湿性粉剂2000倍液等喷杀幼虫，可间隔7~10天，连用1~2次。

65 青黄枯叶蛾（图2-65-1至图2-65-8）

属鳞翅目枯叶蛾科。

分布与寄主

分布 低中海拔山区。

寄主　板栗、核桃等。

危害特点　幼虫食叶成孔洞和缺刻，严重时将叶片吃光，残留叶柄。

形态诊断　成虫：体型为中大型，翅膀宽大，后翅较短，停栖时后翅常外露在左右两侧；雌蛾有黄色型与黄绿色型；雄蛾上翅后缘无褐色长斑；雌蛾，上翅后缘有褐色长斑，幼虫各龄期斑纹变化很大，各体节具4个黑色斑点排列，有黑褐色毛丛，终龄幼虫为黄色，有4排纵向的黑色斑点，侧缘具长毛。

发生规律　成虫昼伏夜出，有趋光性；幼虫多栖息于树干或树叶，常见于树干、枝等处爬行。

防治方法

农业防治　冬春剪除越冬卵块集中消灭。捕杀群集幼虫。

生物防治　保护利用天敌，控制害虫发生。

化学防治　卵孵化盛期是施药的关键时期，用80%丙硫磷乳油或48%哒嗪硫磷乳油、50%二嗪磷乳油、50%马拉硫磷乳油1000倍液、2.5%溴氰菊酯乳油3000~3500倍液等叶面喷雾。

66　艳叶夜蛾（图2-66-1至图2-66-3）

属鳞翅目夜蛾科。又名艳落叶夜蛾。

分布与寄主

分布　浙江、江苏、福建、台湾、广东、广西、湖南、湖北、四川、山西、山东、陕西、河北、河南、北京、天津、辽宁、吉林、黑龙江、内蒙古等地。

寄主　梨、苹果、葡萄、桃、杏、柿、板栗、柑橘、枇杷、杨梅、番茄等植物。

危害特点　成虫吸食果实汁液，尤其近成熟或成熟果实。

形态诊断　成虫：体长29~34毫米，触角丝状，前翅呈铜色，从顶角至基角及臀角各有一白色阔带，内缘上方有一条酱红色线纹，后翅浓黄色，上有黑色肾形及大形宽黑纹，外缘有6个白斑。卵：圆球形，底面平，直径约0.9毫米，卵初产时色淡黄，近孵化时渐复暗。幼虫：老熟幼虫体长约50毫米，体宽约7毫米，头宽仅约4毫米；胸足3对，腹足4对，尾足1对；头部及身体均为棕色，腹足和胸足为黑色，第一对腹足退化，外形很小；静止时头下坠尾端高翘，仅以发达的3对腹足着地。蛹：长约24毫米，宽约9.0毫米，褐色，外被白色丝，混和叶片包在体外。

发生规律　生活在低、中海拔山区。成虫夜晚具趋光性。幼虫寄主有木防己和千金藤等。天敌有卵寄生蜂等。

防治方法

农业防治　合理规划果园。山区和半山区发展果树时应成片大面积栽植，尽量避免混栽不同成熟期的品种或多种果树。

物理防治 ①诱杀成虫。成虫发生期利用黑光灯、高压汞灯或频振式杀虫灯等诱杀成虫或夜间人工捕杀成虫。②果实套袋。适期套袋，在套袋前喷洒1次杀虫杀菌剂。

生物防治 在7月份前后大量繁殖赤眼蜂，在果园周围释放，寄生吸果夜蛾卵粒。

化学防治 开始为害时喷洒5.7%氟氯氰菊酯乳油或10%醚菊酯乳油2000～3000倍液或20%除虫脲悬浮剂2000～2500倍液等。此外，用香蕉或成熟果实浸药（90%晶体敌百虫100倍液）诱杀。

67 油桐尺蠖（图2-67-1，图2-67-2）

属鳞翅目尺蠖蛾科。又名大尺蠖、量尺虫、油桐尺蛾、柴棍虫、卡步虫等。

分布与寄主

分布 黄淮、华南、华东、西南等产区。

寄主 柿、梨、板栗、柑橘、花椒、茶等果树及油桐等林木。

危害特点 幼虫食叶成缺刻或孔洞，重则把叶片吃光，致上部枝梢枯死。

形态诊断 成虫：雌蛾体长24～25毫米，翅展67～76毫米；触角丝状；体翅灰白色，密布灰黑色小点；翅上具3条不规则黄褐色波状横纹，翅外缘波浪状，具黄褐色缘毛；腹末具黄色绒毛。雄蛾体长19～23毫米，翅展50～61毫米；触角羽毛状，翅上具2条灰黑色横线，腹末尖细，其他特征同雌蛾。卵：椭圆形，长0.7～0.8毫米，初蓝绿渐变黑色，常数百至千余粒聚集成堆，上覆黄色绒毛。幼虫：成龄体长56～65毫米；体色有深褐、灰褐、灰绿、青绿色等多型；头密布棕色颗状小点；前胸背面生突起2个，腹面灰绿色，胸腹部各节均具颗粒状小点，气门紫红色。蛹：圆锥形，长19～27毫米。

发生规律 河南1年发生2代，安徽、湖南年发生2～3代，广东3～4代。以蛹在土中越冬，翌年4月成虫羽化产卵。湖南长沙一代成虫寿命6.5天，二代5天；卵期一代15.4天，二代9天；幼虫期一代33.6天，二代35.1天；蛹期一代36天，越冬蛹期195天。成虫昼伏夜出，受惊后落地假死或做短距离飞行，有趋光性。卵多块产于主干皮缝或茶丛枝叶间。单雌产卵2000～3700粒。低龄幼虫取食叶片上表皮和叶肉，使叶片呈红褐色焦斑，稍大后食叶成缺刻，严重的会吃光全叶。老熟后入土3～5厘米在距树干30厘米半径内化蛹。天敌有黑卵蜂、寄生蝇等。

防治方法

农业防治 冬春季翻耕园地，利用低温和鸟食消灭越冬蛹；根据成虫多栖息于高大树木或建筑物上及受惊后有落地假死习性，在各代成虫期于清晨进行

人工捕杀；卵期刮除树皮缝隙中的卵块。

物理防治 成虫盛发期利用黑光灯诱杀成虫。

生物防治 喷洒油桐尺蠖核型多角体病毒防治。在第一代幼虫1～2龄期喷洒每毫升含1.4×10^8油桐尺蠖核型多角体病毒液，当代幼虫死亡率80%，持效3年以上。

化学防治 掌握在卵孵化前后的关键期施药，可喷洒20%氰戊菊酯乳油1500倍液或52.25%蜱·氯乳油1500～2000倍液、25%甲萘威可湿性粉剂600～800倍液、25%灭幼脲悬浮剂800～1000倍液等。

68 嘴壶夜蛾（图2-68-1至图2-68-6）

属鳞翅目夜蛾科。又名桃黄褐夜蛾、小鸟嘴壶夜蛾。

分布与寄主

分布 全国各产区。

寄主 桃、梨、苹果、板栗、柑橘、葡萄、龙眼、木防己等果树。

危害特点 成虫吸食成熟或近成熟果实果汁，被害果出现针头大小孔洞，致果实变色凹陷、糜烂脱落。

形态诊断 成虫：体长16～19 毫米，翅展34～40 毫米，头部淡红褐色，胸腹部褐色；前翅棕褐色，外缘中部外突成一角，顶角至后缘中部有一深色斜线，翅上具1个肾状纹和1个三角形的红褐色斑；后翅黄褐色，缘毛黄白色。卵：扁圆形，长约0.8毫米，初黄白渐变为灰黑色。幼虫：体长37～46毫米，尺蠖型，漆黑色，背面两侧各有黄、白、红色斑一列。蛹：长17～19 毫米，红褐至暗褐色。

发生规律 1年发生4～6代，世代重叠。以幼虫在树下杂草丛或土缝中越冬。5月份成虫出现，先危害早熟水果桃、樱桃等；7月后增多，9月下旬至10月下旬盛发，11月下旬后虫口密度渐小。成虫昼伏夜出，趋光性弱，嗜食糖液，略具假死性，闷热无风的夜晚蛾量多；成虫卵散产于木防已的叶背，孵化后在其上取食。

防治方法

农业防治 铲除或用除草剂清除果园周围夜蛾幼虫寄主木防己，断绝其食料。用香茅油或小叶桉油驱避成虫，方法是：用吸水性强的草纸片浸油，每株树于傍晚挂1片，翌晨收回，第二天再补加油挂上。

物理防治 用黑光灯或糖醋液诱杀成虫。果实套袋，在生理落果后进行。

化学防治 在成虫发生前期可以喷洒低毒的菊酯类或植物源类农药烟碱、苦参碱等。近成熟期为避免农药残留一般不再用药。

69 栗六点天蛾（图2-69-1）

属鳞翅目天蛾科。

分布与寄主

分布 东北、北京、河北、河南、华南、湖南、海南、台湾等地。

寄主 板栗、栎、核桃等。

危害特点 幼龄幼虫将叶片吃成孔洞或缺刻，随虫龄增大常将叶片吃掉大半甚至吃光。

形态诊断 成虫：体翅淡褐色，从头到尾端有一条暗褐色的背线；前翅各线呈不明显的暗褐色条纹，后角内前方有2个暗褐色圆斑；后翅后角有1个暗褐色圆斑。翅展100～130毫米。鉴定特征是前翅外侧呈锯齿状，齿突突尖呈直线排列。

发生规律 成虫昼伏夜出，有趋光性。低、中海拔地区较多发生。

防治方法

农业防治 冬春深翻树盘，利用低温或鸟食消灭土中越冬蛹。幼虫发生期经常检查，发现危害及时捕捉消灭。

物理防治 成虫发生期设置黑光灯诱杀成虫。

化学防治 在幼虫初孵期及时喷洒48%哒嗪硫磷乳油或50%杀螟硫磷乳油、70%马拉硫磷乳油1000倍液、20%氰戊菊酯乳油3000～3500倍液、52.25%蜱·氯乳油1500倍液等。

第3章

果园主要杂草识别与防治

01 通泉草（图3-1-1至图3-1-3）

玄参科通泉草属，一年生草本植物，可以入药。又名脓泡药、汤湿草、猪胡椒、野田菜、鹅肠草、绿蓝花等。生于海拔2500米以下的地带。除内蒙古、宁夏、青海及新疆未见记录外，几乎遍布全国。

形态识别 种子繁殖和分株繁殖。主根伸长，垂直向下或短缩，须根纤细，多数，散生或簇生。茎高3~30厘米，无毛或疏生短柔毛。本种在形态上变化较大，茎1~5个或更多，直立、上升或倾卧状上升，着地部分节上常能长出不定根，分枝多而披散，少不分枝。基生叶少到多数，有时成莲座状或早落，倒卵状匙形至卵状倒披针形，膜质，长2~6厘米，顶端全缘或有不明显的疏齿，基部楔形，下延成带翅的叶柄，边缘具不规则的粗齿或基部有1~2片浅羽裂；茎生叶对生或互生，少数，与基生叶相似或几乎等大。

总状花序生于茎、枝顶端，常在近基部生花，伸长或上部成束状，通常3~20朵，花稀疏；花梗在果期长约10毫米，上部的较短；花萼钟状，花期长约6毫米，萼片与萼筒近等长，卵形；花冠白色、紫色或蓝色，长约10毫米，上唇裂片卵状三角形，下唇中裂片较小，稍突出，倒卵圆形。蒴果球形；种子小而多数，黄色，种皮上有不规则的网纹。花果期4~10月。

防治方法 幼苗时通过中耕清除；成株后适时割除并挖根，以作药用；因其根系分布较浅，可以作为果园生草栽培草种利用；还可用伏草隆、苯磺隆、氟乐灵、苄嘧磺隆、氟唑草酮、噻磺隆等除草剂进行防除。

02 野胡萝卜（图3-2-1至图3-2-3）

伞形科胡萝卜属，二年生草本植物。又名鹤虱草。在我国四川、贵州、湖北、江苏、浙江、江西、安徽、河南、山东、陕西、山西等地有分布。果实可以入药，并可提取精油。

形态识别 种子繁殖。茎单生，高15~120厘米，全体布白色粗硬毛。基生叶薄膜质，长圆形，二至三回羽状全裂，末回裂片线形或披针形，长2~15毫米，宽0.5~4毫米，顶端尖锐，光滑或有糙硬毛；叶柄长3~12厘米；茎生叶近无柄，有叶鞘，末回裂片小或细长。

复伞形花序，花序梗长10~55厘米，有糙硬毛；总苞有多数苞片，呈羽状分裂，少有不裂的，裂片线形，长3~30毫米；伞辐多数，长2~7.5厘米，结果时外缘的伞辐向内弯曲；小总苞片5~7个，线形，不分裂或2~3裂，边缘膜质，具纤毛。花多为白色，有时带淡红色；花柄不等长，长3~10毫米。果实圆卵形，长3~4毫米，宽2毫米，棱上有白色刺毛。花期5~7月。

为半耐寒性植物，发芽适宜温度为20～25℃，生长适宜温度为白昼18～23℃，夜晚13～18℃，温度过高、过低均对生长不利。根系发达。土层深厚的砂质土壤、pH5～8更适宜其生长。

防治方法　幼苗期及时中耕除草；种子成熟前采收入药，并减少种子存留，以减少翌年扩散；有效除草剂有氟乐灵、噁草酮、灭草松、伏草隆、萘氧丙草胺、异丙甲草胺、乙氧氟草醚、氟乐灵等，幼苗期使用效果好。

03 朝天委陵菜（图3-3-1至图3-3-3）

蔷薇科委陵菜属，一年生或二年生草本植物。又名伏委陵菜、仰卧委陵菜、铺地委陵菜、老鹳筋、老鸹金、鸡毛草等。广布于北半球温带及部分亚热带地区。有药用价值。

形态识别　种子繁殖。主根细长，并有稀疏侧根。茎平展、斜向直立或直立，叉状分枝，长 20～50厘米。基生叶羽状复叶，有小叶2～5对，叶间距0. 8～1. 2厘米，连叶柄长4～15厘米；小叶互生或对生，无柄，最上面1～2对小叶基部下延与叶轴合生，小叶片长圆形或倒卵状长圆形，长1～2. 5厘米，宽0. 5～1. 5厘米，顶端圆钝或急尖，基部楔形或宽楔形，边缘有圆钝或缺刻状锯齿，两面绿色；茎生叶与基生叶相似，向上小叶对数逐渐减少；基生叶托叶膜质，褐色，茎生叶托叶草质，绿色，全缘，有齿或分裂。茎、叶被稀疏柔毛或脱落几无毛

花茎上多叶，下部花自叶腋生，顶端呈伞房状聚伞花序；花梗长0. 8～1. 5厘米，密被短柔毛；花直径0. 6～0. 8厘米；萼片三角卵形，顶端急尖，副萼片长椭圆形或椭圆披针形，顶端急尖，比萼片稍长或近等长；花瓣黄色，倒卵形，顶端微凹，与萼片近等长或较短；花柱近顶生，基部乳头状膨大，花柱扩大。瘦果长圆形，先端尖，腹部鼓胀。花果期3～10月。

防治方法　深耕，加强田间管理，结合可以入药的特性在种子成熟前拔除全株。有效除草剂有伏草隆、噁草酮、灭草松、甲草胺、萘氧丙草胺、异丙甲草胺、乙氧氟草醚、氟乐灵等。

04 大蓟（图3-4-1，图3-4-2）

菊科蓟属，多年生草本植物。又名大蓟菜。全国南北各地均有分布。生于山坡、草地、路旁、果园、农田等地域。

形态识别　种子繁殖。块根纺锤状或萝卜状，直径达7毫米。茎直立，30～150厘米，上有分枝或不分枝，全部茎枝有条棱，被稠密或稀疏的长节毛。基生叶较大，卵形、长倒卵形、椭圆形或长椭圆形，长8～20厘米，宽2. 5～8厘米，羽状深裂或几全裂，基部渐狭成短或长翼柄，翼柄边缘有针刺及刺齿；侧裂片

6~12对，中部侧裂片较大，向下的侧裂片渐小，全部侧裂片排列稀疏或紧密，卵状披针形、半椭圆形、斜三角形、长三角形或三角状披针形，宽狭变化极大，宽达0.5~3厘米，边缘有稀疏大小不等小锯齿，或锯齿较大而使整个叶片呈现较为明显的二回状分裂状态，齿顶针刺长2~6毫米，齿缘针刺小而密或几无针刺。自基部向上的叶渐小，与基生叶同形并等样分裂，但无柄，基部扩大半抱茎。全部茎叶两面同为绿色，两面沿脉有稀疏的短节毛或几无毛。头状花序直立，少有下垂的，少数生茎端而花序极短。

总苞钟状，直径3厘米左右。总苞片约6层，复瓦状排列，向内层渐长，外层与中层卵状三角形至长三角形，长0.8~1.3厘米，宽3~3.5毫米，顶端长渐尖，有长1~2毫米的针刺；内层披针形或线状披针形，长1.5~2厘米，宽2~3毫米，顶端渐尖呈软针刺状。全部苞片外面有微糙毛。小花红色或紫色，长2.1厘米，檐部长1.2厘米。冠毛浅褐色，多层，基部联合成环，整体脱落；冠毛长羽毛状，长达2厘米，内层向顶端纺锤状扩大或渐细。瘦果偏斜楔状或倒披针状，长4毫米，宽2.5毫米。花果期4~11月。

防治方法 园地深耕，捡拾地下根茎带出园外处理；结合茎叶可以入药的特性，有目的地刈割利用。采用甲草胺、唑草酮、氟乐灵、敌草胺、双氟磺草胺、2甲4氯钠等除草剂进行防治。

05 节节草（图3-5-1至图3-5-2）

木贼科木贼属，多年生草本植物。又名土麻黄、草麻黄、木贼草、节节木贼、土木贼、锁眉草、笔杆、木草。广泛分布全国各地。性喜近水。主要农田杂草。可以作中草药用。

形态识别 种子繁殖和根茎繁殖。根茎黑褐色，生少数黄色须根。茎直立有分枝，横走或斜升，单生或丛生，高达70厘米，径1~2毫米，节间长3~10厘米，灰绿色，肋棱6~20条，粗糙，有小疣状突起1列；中部以下多分枝，分枝常具2~5小枝；节明显，节间长2.5~9厘米，节上着生筒状鳞叶。叶轮生，退化连接成筒状鞘，似漏斗状，亦具棱，叶鞘基部和鞘齿黑棕色；鞘口随棱纹分裂成长尖三角形的裂齿，齿短，外面中心部分及基部黑褐色，先端及缘渐成膜质，常脱落。草茎质脆，易折断，断面中空。

防治方法 深耕，加强田间管理，结合野生植物的利用拔除全株用作药用。有效除草剂有敌草胺、萘氧丙草胺、高效吡氟乙草、草甘膦、扑草净、灭草松等。

06 苦苣菜（图3-6-1至图3-6-4）

菊科苦苣菜属，一年生或二年生草本植物。又名苦菜、小鹅菜、滇苦菜、拒马菜、苦苦菜、野芥子。全国各地均有分布。可以食用、药用、作牧草。

形态识别 种子繁殖。根圆锥状，垂直直伸，有多数纤维状的须根。茎直立，单生，高40~150厘米，有纵条棱或条纹，不分枝或上部有短的伞房花序状或总状花序式分枝，全部茎枝光滑无毛，或上部花序分枝及花序梗被头状具柄的腺毛。

基生叶羽状深裂，长椭圆形或倒披针形，或大头羽状深裂，或基生叶不裂，椭圆形、椭圆状戟形、三角形、或三角状戟形或圆形，全部基生叶基部渐狭成长或短翼柄；中下部茎叶羽状深裂或大头状羽状深裂，椭圆形或倒披针形，长3~12厘米，宽2~7厘米，基部急狭成翼柄，翼狭窄或宽大，向柄基逐渐加宽，柄基圆耳状抱茎，顶裂片与侧裂片等大或较大或大，宽三角形、戟状宽三角形、卵状心形，侧生裂片1~5对，椭圆形，常下弯，全部裂片顶端急尖或渐尖，下部茎叶或接花序分枝下方的叶与中下部茎叶同型并等样分裂或不分裂而披针形或线状披针形，且顶端长渐尖，下部宽大，基部半抱茎；全部叶或裂片边缘及抱茎小耳边缘有大小不等的急尖锯齿或大锯齿或上部及接花序分枝处的叶，边缘大部全缘或上半部边缘全缘，顶端急尖或渐尖，两面光滑，质地薄。

头状花序少数在茎枝顶端排成紧密的伞房花序或总状花序或单生茎枝顶端。总苞宽钟状，长1.5厘米，宽1厘米；总苞片3~4层，覆瓦状排列，向内层渐长；外层长披针形或长三角形，长3~7毫米，宽1~3毫米，中内层长披针形至线状披针形，长8~11毫米，宽1~2毫米；全部总苞片顶端长急尖，外面无毛或外层或中内层上部沿中脉有少数头状具柄的腺毛。舌状小花多数，黄色。

瘦果褐色，长椭圆形或长椭圆状倒披针形，长3毫米，宽不足1毫米；冠毛白色，长7毫米，单毛状，彼此纠缠。花果期5~12月。

防治方法 及时中耕除草，特别是种子成熟前清除，减少种子留存；利用可以食用、药用、作牧草的特性，于植株幼嫩期拔除利用；有效除草剂有扑草净、噁草酮、灭草松、萘氧丙草胺、异丙甲草胺、乙氧氟草醚、氟乐灵等。

07 野芹菜（图3-7-1至图3-7-4）

伞形科毒芹属，多年生草本植物。学名毒芹。又名白头翁、毒人参、芹叶钩吻、斑毒芹、走马芹。分布于我国黑龙江、吉林、辽宁、内蒙古、河北、河南、山东、山西、陕西、甘肃、四川、新疆等地。

形态识别 种子繁殖。主根短缩，支根多数，肉质或纤维状，根状茎有节，内有横隔膜，褐色。株高70~100厘米，茎单生，圆筒形，中空，有条纹，基部有时略带淡紫色，上部有分枝，枝条上升开展。

基生叶柄长15~30厘米，叶鞘膜质，抱茎；叶片轮廓呈三角形或三角状披针形，长12~20厘米，二至三回羽状分裂；最下部的一对羽片有1~3.5厘米长的柄，羽片3裂至羽裂，裂片线状披针形或窄披针形，长1.5~6厘米，宽3~10毫米，表面绿色，背面淡绿色，边缘疏生钝或锐锯齿，两面无毛或脉上有糙毛，较上部的茎生叶有短柄，叶片的分裂形状如同基生叶；最上部的茎生叶一至二回羽状分裂，边缘疏生锯齿。

复伞形花序顶生或腋生，花序梗长2.5~10厘米，无毛；总苞片通常无或有1线形的苞片；伞辐6~25厘米；小总苞片多数，线状披针形，长3~5毫米，宽0.5~0.7毫米，顶端长尖，中脉1条。小伞形花序有花15~35朵，花柄长4~7毫米；萼齿明显，卵状三角形；花瓣白色，倒卵形或近圆形，长1.5~2毫米，宽1~1.5毫米，顶端有内折的小舌片，中脉1条；花丝长约2.5毫米，花药近卵圆形，长约0.7毫米，宽0.5毫米；花柱光滑，长约1毫米。

分生果近卵圆形，长、宽2~3毫米。花果期7~8月。

野芹菜（毒芹）的外形酷似芹菜、胡萝卜和茴香等的食用植物，尤其是与华北地区常见的野菜——水芹十分相似，因为它们都是伞形科的植物。

野芹菜（毒芹）为较毒植物之一，其毒性成分毒芹素很易吸收，人畜误食之后数分钟即可显现中毒症状，表现为头晕、呕吐、痉挛、皮肤发红、面色发青，最后出现麻痹现象，重则死于呼吸衰竭。

防治方法 幼苗期及时中耕防除；种子成熟前彻底清除，减少种子存留，以减少翌年扩散；有效除草剂有噁草酮、扑草净、灭草松、萘氧丙草胺、异丙甲草胺、乙氧氟草醚、氟乐灵等，幼苗期使用效果好。

08 石龙芮（图3-8-1至图3-8-3）

毛茛科石龙芮属，一年生草本植物。别名黄花菜、石龙芮毛茛。分布于全国各地。全草含原白头翁素，有毒，可以入药。

形态识别 种子繁殖。须根簇生。茎直立，高10~50厘米，直径2~5毫米，有时粗达1厘米，上部多分枝，具多数节，下部节上有时生根，无毛或疏生柔毛。

基生叶多数；叶片肾状圆形，长1~4厘米，宽1.5~5厘米，基部心形，3深裂不达基部，裂片倒卵状楔形，2~3裂，顶端钝圆，有粗圆齿，无毛；叶柄长3~15厘米，近无毛。茎生叶多数，下部叶与基生叶相似；上部叶较小，3全裂，裂片披针形至线形，全缘，无毛，顶端钝圆，基部扩大成膜质宽鞘抱茎。

聚伞花序有多数花；花小，直径4~8毫米；花梗长1~2厘米，无毛；萼片椭圆形，长2~3.5毫米，外面有短柔毛，花瓣5片，倒卵形，等长或稍长于花萼，基部有短爪；雄蕊10多枚，花药卵形，长约0.2毫米；花托在果期伸长增大呈圆柱形，长3~10毫米，径1~3毫米，生短柔毛。

聚合果长圆形，长8~12毫米，为宽的2~3倍；瘦果极多数，近百枚，紧密排列，倒卵球形，稍扁，长1~1.2毫米，无毛。花果期5~8月。

性喜温暖潮湿环境，野生于水田边、溪边、沟渠边、树下等潮湿地带，干旱、黏重土壤生长不良。

防治方法 幼苗时及时中耕清除，成株后适时挖除卖作中药；还可用扑草净、苯磺隆、甲草胺、苄嘧磺隆、氟唑草酮、恶草灵、噻磺隆等除草剂进行防除。

09 蒲公英（图3-9-1至图3-9-4）

菊科蒲公英属，多年生草本植物。又名华花郎、蒲公草、尿床草、西洋蒲公英、婆婆丁。广泛分布全国各地中、低海拔地区的农田、草地、路边、田野、河滩。蒲公英可生吃、炒食、做汤，是药食兼用的植物。

形态识别 种子繁殖和根茎繁殖。根圆柱状，黑褐色，粗壮。叶倒卵状披针形、倒披针形或长圆状披针形，长4~20厘米，宽1~5厘米，先端钝或急尖，边缘有时具波状齿或羽状深裂，有时倒向羽状深裂或大头羽状深裂，顶端裂片较大，三角形或三角状戟形，全缘或具齿，每侧裂片3~5片，裂片三角形或三角状披针形，通常具齿，平展或倒向，裂片间常夹生小齿，基部渐狭成叶柄，叶柄及主脉常带红紫色，疏被蛛丝状白色柔毛或几无毛。

花茎1至数个，与叶等长或稍长，高10~25厘米，上部紫红色，密被蛛丝状白色长柔毛；头状花序，直径约30~40毫米；总苞钟状，长12~14毫米，淡绿色；总苞片2~3层，外层总苞片卵状披针形或披针形，长8~10毫米，宽1~2毫米，边缘宽膜质，基部淡绿色，上部紫红色，先端增厚或具小到中等的角状突起；内层总苞片线状披针形，长10~16毫米，宽2~3毫米，先端紫红色，具小角状突起；舌状花黄色，舌片长约8毫米，宽约1.5毫米，边缘花舌片背面具紫红色条纹。花药和柱头暗绿色。

瘦果倒卵状披针形，暗褐色，长4~5毫米，宽1~1.5毫米，上部具小刺，下部具成行排列的小瘤，顶端逐渐收缩为长约1毫米的圆锥至圆柱形喙基，喙长6~10毫米，纤细；冠毛白色，长约6毫米，白色冠毛结成白色茸球，随风飘落传播。花期4~9月，果期5~10月。

防治方法 幼嫩时人工拔除，生吃、炒食、做汤；全草拔除可入药；园地及时中耕；采用唑草酮、双氟磺草胺、恶草灵、2甲4氯钠、双苯酰草胺等除草剂进行防治。

10 紫苏（图3-10-1至图3-10-4）

唇形科紫苏属，一年生草本植物。又名桂荏、白苏、赤苏、红苏、黑苏、白紫苏、青苏、苏麻、水升麻。原产我国，在华北、华中、华南、西南及台湾省等地区均有野生种和栽培种，具有特异的芳香。紫苏在中国种植应用有近2000年的历史，主要用于药用、油用、香料、食用等方面，其叶（苏叶）、梗（苏梗）、果（苏子）均可入药，嫩叶可生食、作汤，茎叶可淹渍。近代，紫苏因其特有的活性物质及营养成分，成为一种倍受世界关注的多用途植物，经济价值很高。

形态识别 种子繁殖。茎高0. 3~2米，绿色或紫色，钝四棱形，具四槽，密被长柔毛。叶阔卵形或圆形，长7~13厘米，宽4. 5~10厘米，先端短尖或突尖，基部圆形或阔楔形，边缘在基部以上有粗锯齿，膜质或草质，两面绿色或紫色，或仅下面紫色，上面被疏柔毛，下面被贴生柔毛；侧脉7~8对，位于下部者稍靠近，斜上升，与中脉在上面微突起下面明显突起，色稍淡；叶柄长3~5厘米，密被长柔毛。

轮伞花序2花，组成长1. 5~15厘米、密被长柔毛、偏向一侧的顶生及腋生总状花序；苞片宽卵圆形或近圆形，长宽约4毫米，先端具短尖，外被红褐色腺点，无毛，边缘膜质；花梗长1. 5毫米，密被柔毛。花萼钟形，10脉，长约3毫米，直伸，下部被长柔毛，夹有黄色腺点，基部一边肿胀；萼檐二唇形，上唇宽大，3齿，中齿较小，下唇比上唇稍长，2齿，齿披针形。花冠白色至紫红色，长3~4毫米，外面略被微柔毛，内面在下唇片基部略被微柔毛，冠筒短，长2~2. 5毫米；雄蕊4枚，几不伸出，前对稍长，离生，花丝扁平；雌蕊1枚，子房4裂，花柱基底着生，柱头2裂。果萼长约10毫米，绿色或紫色。

小坚果近球形，灰褐色，直径约1. 5毫米。花期8~11月，果期8~12月。

紫苏适应性很强，对土壤要求不严，在砂质壤土、壤土、黏壤土，房前屋后、沟边地边、果树林下，均生长良好。

防治方法 果园生长因影响果树正常生长视为杂草而须拔除。在不影响果树正常生长的前提下可以充分利用其特有的经济价值，如食用、药用、香料植物、紫苏油等合理利用。幼苗时通过中耕清除，成株后适时割除并挖根，晒干用作中药；还可用双苯酰草胺、噁草酮、灭草松、丁草胺、扑草净、氟磺胺草醚、绿麦隆、西玛津等除草剂进行防除。

11 薄荷（图3-11-1至图3-11-3）

唇形科薄荷属，多年生草本植物。又名野薄荷、夜息香、银丹草。全国各地广泛分布，多野生也有人工栽培。全株青气芳香，可以食用、药用、作茶饮用，是一种有特种经济价值的药食同源的芳香植物。

形态识别 种子繁殖和根茎繁殖。根茎横生地下、多节，每节都可以生根萌芽形成独立的单株；茎直立或匍匐，茎高30~60厘米，下部数节具纤细的须根及水平匍匐根状茎，锐四稜形，具四槽，上部被倒向微柔毛，下部仅沿稜上被微柔毛，多分枝。着地茎可以生根再形成新的单株。

叶片长圆状披针形、披针形、椭圆形或卵状披针形，稀长圆形，长3~7厘米，宽0.8~3厘米，先端锐尖，基部楔形至近圆形，边缘在基部以上疏生粗大的牙齿状锯齿，侧脉约5~6对；沿脉上密生微柔毛，或除脉外余部近于无毛；叶柄长2~10毫米，腹凹背凸，被微柔毛。

轮伞花序腋生，花具梗或无梗，具梗时梗长达3毫米，被微柔毛；花梗纤细，长2.5毫米，被微柔毛或近于无毛。花萼管状钟形，长约2.5毫米，外被微柔毛及腺点，内面无毛；萼5枚，狭三角形。花冠淡紫色，长4毫米左右，外面略被微柔毛，冠檐4裂，长圆形，先端钝。雄蕊4枚，长约5毫米，均伸出于花冠之外，花丝丝状；花药卵圆形；花柱略超出雄蕊，先端近相等2浅裂；花盘平顶。

小坚果卵珠形，黄褐色。花期7~9月，果期10月。

薄荷对环境条件适应能力较强，在海拔2100米以下地区均可生长。根茎宿存越冬，能耐-15℃低温，生长最适宜温度为25~30℃。可以根茎栽植、分株栽植和扦插繁殖、种子繁殖等。

防治方法　果园生长因影响果树正常生长视为杂草而须拔除。在不影响果树正常生长的前提下可以充分利用其特有的经济价值。幼苗时通过中耕清除，成株后适时割除并挖根，晒干用作中药；还可用丁草胺、灭草松、乙氧氟草醚、噁草酮、扑草净、绿麦隆、氟磺胺草醚、西玛津等除草剂进行防除。

12 灰绿藜（图3-12-1至图3-12-2）

藜科藜属，一年生草本植物。又名盐灰菜。在我国温带、暖温带气候条件下都有分布。幼嫩植株可作猪饲料。嫩苗、嫩茎叶人可食。全草可以入药。

形态识别　种子繁殖。株高10~45厘米。茎多在基部分枝，平铺或斜升；有暗绿色或紫红色条纹。叶互生有短柄，叶片厚肉质，椭圆状卵形至卵状披针形，长2~4厘米，宽5~20毫米，顶端急尖或钝，边缘有波状齿，基部渐狭，表面绿色，背面灰白色，密被粉粒，中脉明显；叶柄短。花簇短穗状，腋生或顶生；花被裂片3~4枚，少为5枚。胞果伸出花被片，果皮薄，黄白色；种子扁圆，暗褐色。花果期5~10月。

防治方法　幼苗时及时拔除食用，或作猪饲料。拔除全株入药。及时清除田间、地边、路旁的灰绿藜，控制灰绿藜种子入田，减少产种量，控制来年发生。用杂草沤制农家肥时，应将含有杂草种子的植物残体高温堆沤2~4周，彻底腐熟，杀死种子以免发芽。利用覆盖、遮光等原理，用塑料薄膜覆盖或播种其他作物（或草种）等方法进行除草。利用甲草胺、异丙甲草胺、乙草胺、敌稗、萘氧丙草胺、西玛津、扑草净、噁草酮、乙氧氟草醚、百草枯、草甘膦等除草剂进行防除。

13 稻槎菜（图3–13–1至图3–13–3）

菊科稻槎菜属，一年或二年细弱草本植物。又名鹅里腌、回荠。分布于黄淮和长江流域。可以食用和作为中草药利用。

形态识别 种子繁殖和根茎繁殖。茎高5～30厘米。基生叶丛生，有柄；叶片长4～18厘米，宽1～3厘米，先端圆钝或短尖，顶端裂片较大，卵圆形，边缘羽状分裂，两侧裂片3～4对，短椭圆形；茎生叶1～2对，有短柄或近无柄。

头状花序成稀疏的伞房状圆锥花丛，有细梗，果时常下垂；总苞圆柱状钟形，外层总苞片小，卵状披针形，长约1毫米，内层总苞片5～6片，长椭圆状披针形，长约4.5毫米；花托平坦，无毛；全部为舌状花，黄色。瘦果椭圆状披针形，扁平，长4～5毫米，等于或长于总苞片，成熟后黄棕色，无毛，背腹面各有5～7肋，先端两侧各有1钩刺，无冠毛。花果期4～5月。

生于田野、果园、荒地、溪边、路旁等处。

防治方法 嫩芽叶可食，幼苗时人工拔除食用；园地及时中耕清除；全草可以入药的特性，有目的地挖除利用；采用唑草酮、双氟磺草胺、2甲4氯钠等除草剂进行防治。

14 冬葵（图3–14–1至图3–14–5）

锦葵科锦葵属，一年生草本植物。又名葵菜、冬寒（苋）菜、薪菜、皱叶锦葵。产于我国河南、山东、陕西、山西、湖北、安徽、江苏、湖南、四川、贵州、云南、江西、甘肃等地。我国早在汉代以前就已栽培供蔬食，现在在很多地方仍有栽培以供蔬食者；北京、甘肃等地也偶见栽培。

形态识别 种子繁殖。茎高1米左右；上部少分枝，茎被柔毛。叶圆形，常5～7裂或角裂，径5～8厘米，基部心形，裂片三角状圆形，边缘具细锯齿，并皱缩扭曲，两面无毛至疏被糙伏毛或星状毛，在脉上尤为明显；叶柄瘦弱，长4～7厘米，疏被柔毛。

花小，花型美观，粉红、白色相间，直径约6毫米，单生或几个簇生于叶腋，近无花梗至具极短梗；小苞片3枚，披针形，长4～5毫米，宽1毫米，疏被糙伏毛；萼浅杯状，5裂，长8～10毫米，裂片三角形，疏被星状柔毛；花瓣5枚，较萼片略长。

果扁球形，径约8毫米，分果片11裂，网状，具细柔毛；种子肾形，径约1毫米，暗黑色。花期6～9月。

冬葵喜冷凉湿润气候，不耐高温和严寒，但耐低温、耐轻霜，植株生长适温为15～20℃。对土壤要求不严，但在排水良好、疏松肥沃、保水保肥的土壤中生长良好。

种子在8℃时开始发芽，发芽适温为25℃，30℃以上植株病害严重，低于15℃植株生长缓慢。春、秋种子发芽生长。

防治方法 加强果园管理，及时中耕除草，特别在冬葵种子成熟前，彻底拔除单株，减少种子留存。还可用有2，4-D、麦草畏、异丙甲草胺、利谷隆、灭草猛、氟磺胺草醚、西玛津、哒草特、灭草松、百草枯、苯磺隆、克阔乐、绿黄隆、草净津等除草剂进行防除。

15 火麻（图3-15-1至图3-15-4）

桑科大麻属，一年生直立草本植物。又名大麻、山丝苗、线麻、胡麻、野麻。我国各地有栽培或野生。茎皮纤维长而坚韧，可用以织麻布或纺线，制绳索，编织渔网和造纸；种子含油率30%左右，可榨油，用做油漆、涂料等，油渣可作饲料。果实中医称“火麻仁”或“大麻仁”，可入药。

形态识别 种子繁殖。高1～3米，枝具纵沟槽，密生灰白色贴伏毛。叶掌状全裂，裂片披针形或线状披针形，长7～15厘米，中裂片最长，宽0.5～2厘米，先端渐尖，基部狭楔形，表面深绿，微被糙毛，背面幼时密被灰白色贴状毛后变无毛，边缘具向内弯的粗锯齿，中脉及侧脉在表面微下陷，背面隆起；叶柄长3～15厘米，密被灰白色贴伏毛；托叶线形。

雄花序长达25厘米；花黄绿色，花被5片，膜质，外面被细伏贴毛，雄蕊5枚，花丝极短，花药长圆形；小花柄长2～4毫米；雌花绿色；花被1枚，紧包子房，略被小毛；子房近球形，外面包于苞片。瘦果为宿存黄褐色苞片所包，果皮坚脆，表面具细网纹。花期5～6月，果期为7月。

防治方法 农田幼苗期深耕，加强田间管理，及早清除；结合本种植物有多种利用价值的特点，在种子成熟前或种子成熟后拔除全株利用。有效除草剂有乙氧氟草醚、萘氧丙草胺、二甲戊灵、草甘膦、灭草松等。

16 金狗尾草（图3-16-1至图3-16-3）

禾本科狗尾草属，一年生草本植物。农田常见杂草，可作为马、牛、羊等草食动物的饲草。

形态识别 种子繁殖。幼苗第一叶线状长椭圆形，先端锐尖。第二至第五叶为线状披针形，先端尖，黄绿色，基部具长毛，叶鞘无毛。成株秆直立或基部倾斜，高20～90厘米。叶片线形，长5～40厘米，顶端长渐尖，基部钝圆，通常两面无毛或仅于腹面基部疏被长柔毛。叶鞘无毛，下部者压扁具脊，上部者圆柱状。

花和子实圆锥花序紧缩，圆柱状，主轴被微柔毛。刚毛稍粗糙，金黄色或稍带褐色。小穗椭圆形，长约3毫米，顶端尖，通常在一簇中仅一个发育。颖果宽卵形，暗灰色或灰绿色。脐明显，近圆形，褐黄色。腹面扁平。胚椭圆形，色与颖果同。

生于旱作地、田边、路旁和荒芜的园地及荒野，为秋熟旱作地的常见杂草，在果、桑、茶园危害较重。

防治方法 合理轮作；田间及时中耕除草，或割除作牧草利用；有效除草剂有二甲戊灵、吡氟禾草灵、甲草胺、异丙甲草胺、乙草胺、敌稗、萘氧丙草胺、氟乐灵、灭草松、西玛津、噁草酮、茅草枯、草甘膦、敌草隆等。

17 马兜铃（图3-17-1至图3-17-3）

马兜铃科马兜铃属，多年生缠绕性草质藤本植物。又名水马香果、蛇参果、三角草、秋木香罐。可以作为中药利用。分布于我国黄淮流域、长江流域及以南各省区。

形态识别 种子和分株繁殖。根圆柱形。茎柔弱，无毛。叶互生；叶柄长1~2厘米，柔弱；叶片卵状三角形、长圆状卵形或戟形，长3~6厘米，基部宽1.5~3.5厘米，先端钝圆或短渐尖，基部心形，两侧裂片圆形，下垂或稍扩展；基出脉5~7条，各级叶脉在两面均明显。

花单生或2朵聚生于叶腋；花梗长1~1.5厘米；小苞片三角形，易脱落；花被长3~5.5厘米，基部膨大呈球形，向上收狭成一长管，管口扩大成漏斗状，黄绿色，口部有紫斑，内面有腺体状毛；檐部一侧极短，另一侧渐延伸成舌片；舌片卵状披针形，顶端钝；花药贴生于合蕊柱近基部；子房圆柱形，6棱；合蕊柱生先端6裂，稍具乳头状凸起，裂片先端钝，向下延伸形成波状圆环。

蒴果近球形，先端圆形而微凹，具6棱，成熟时由基部向上沿空间6瓣开裂；果梗长2.5~5厘米，常撕裂成6条。种子扁平，钝三角形，边线具白色膜质宽翅。花期7~8月，果期9~10月。

生于田边、路旁阴湿处及山坡灌丛中。喜光，稍耐阴，喜砂质土壤，耐寒。适应性强。

防治方法

人工防除园地及周围马兜铃植株，尽量减少田间马兜铃植株来源；蒴果成熟后及时采摘利用，并防止扩散；利用赛克津、异恶草松、咪草烟、氯嘧磺隆、氟磺胺草醚、杂草焚、乙草胺、2,4-滴丁酯、莠去津、氟乐灵、萘氧丙草胺、麦草畏等除草剂进行防除。

18 野鸡冠花（图3-18-1至图3-18-3）

苋科青葙属，一年生草本植物。别名青葙、青葙子、狗尾草、鸡冠苋、大尾鸡冠花、牛尾花子。几乎遍布全国。种子可以作为中药利用。

形态识别 茎直立，高30~100厘米，上有分枝。叶片矩圆披针形、披针形或披针状条形，少数卵状矩圆形，长5~8厘米，宽1~3厘米；绿色常带红色，顶端急尖或渐尖，具小芒尖，基部渐狭；叶柄长2~15毫米，或无叶柄。

花多数，密生，在茎端或枝端成单一、无分枝的塔状或圆柱状穗状花序，长3~10厘米；苞片及小苞片披针形，长3~4毫米，白色，光亮，顶端渐尖，延长成细芒，具一中脉，在背部隆起；花被片矩圆状披针形，长6~10毫米，初为白色顶端带红色，或全部粉红色，后成白色，顶端渐尖，具一中脉，在背面凸起；花丝长5~6毫米，分离部分长2.5~3毫米，花药紫色；子房有短柄，花柱紫色，长3~5毫米。

胞果卵形，长3~3.5毫米，包裹在宿存花被片内。种子凸透镜状肾形，直径约1.5毫米。花期5~8月，果期6~10月。

种子呈扁圆形、圆肾形，直径1~1.8毫米。表面黑色或红黑色，光亮，中间微隆起，侧边微凹处有种脐。种子易粘手，种皮薄而脆。

生长于果园、农田、地边等处。

防治方法 及时中耕，铲除杂草；利用种子可以入药的特性，及时采后利用，还减少了种子残留，影响田间作物的正常生长；有效除草剂有二甲戊灵、噁草酮、灭草松、萘氧丙草胺、异丙甲草胺、乙氧氟草醚、氟乐灵等。

19 日本菟丝子（图3-19-1，图3-19-2）

旋花科菟丝子属，一年生寄生草本植物。又名金灯藤。原产于日本，在我国多地有分布，其靠寄生于其他植物而生，往往造成寄主植物大量死亡，被称为植物杀手。但其种子也是一种用于补肝肾、益精壮阳和止泻的中草药。

形态识别 种子繁殖。缺乏根与叶的构造。茎攀缘性，丝状且光滑，淡黄色，植株以吸器附着寄主生存。

花多数，簇生成球状，具有极短的柄，花萼5裂，大约与花冠等长，花冠5裂，呈短钟型，长约2毫米，雄蕊5枚，花柱2枚。蒴果为球形，稍扁，种子形状变化较大，褐色。

菟丝子9月开花，10月种子成熟，种子落入土中经休眠越冬或到第二年2~6月落入土壤，陆续发芽，遇寄主后缠绕危害，若无寄主，在适宜条件下，可独立生活达1个半月之久。寄主广泛，以木本植物为主，也可危害草本植物，蔓延迅速，危害幼苗，幼树和灌木，但不能危害老化的树皮，高大树木通过根际萌蘖小枝或依靠其他寄主作为桥梁向上蔓延。

当菟丝子侵害植物时，会长出吸器伸入植物体内，吸收寄主的养分，继续长出其他分枝。一株菟丝子可覆盖住相当大面积的农作物或植物。而菟丝子的种子有休眠作用,所以一旦田地被菟丝子侵入后，会造成连续数年均遭菟丝子危害问题。

防治方法

农业防治 受害严重的地块，每年深翻，凡种子埋于3厘米以下便不易出土。春末夏初及时检查，发现菟丝子连同杂草及毒主受害部位一起清除并销毁，清除起桥梁作用的萌蘖枝条和野生植物。

化学防治 种子萌发高峰期地面喷洒1. 5%五氯酚钠和2%扑草净液，以后每隔25天左右喷洒1次药，共喷3~4次，以杀死菟丝子幼苗。或在菟丝子幼苗期，用丙草胺、2,4-D、嗪草酮、双苯酰草胺、2,4-二氯苯腈、地乐胺、二硝基磷甲酚、稀禾啶等除草剂进行防除。

20 稀莶草（图3-20-1，图3-20-2）

菊科稀莶草属，一年生草本植物。别名豨莶、茎略四棱。全国各地有分布。地上部可以作为中药利用。

形态识别 种子繁殖。根粗壮，茎粗壮，高60~150厘米。四棱形，具槽及条纹，上部密被短茸毛，下部疏被星状疏柔毛，有分枝。下部的茎生叶叶柄长7~13厘米；叶片心形或阔卵形，上部卵形，长7~18厘米，宽6~15厘米，先端急尖或尾状渐尖，基部心形至圆形，边缘为具胼胝尖的中齿状，上面疏生短柔毛及单毛，下面密被短柔毛；苞片卵状披针形，超过花序很多，柄长0. 5~5. 5厘米。

轮伞花序具总梗；苞片叶状，线状披针形，长4~13毫米，宽1. 5~5毫米；花萼管状，外面被灰色短毡毛，萼齿5齿；花冠白色或黄色，冠檐二唇形，侧裂片较小；雌花花冠的管部长0. 7毫米；两性管状花上部钟状，上端有4~5个卵圆形裂片；雄蕊4枚，花柱先端具不等的2短裂。瘦果倒卵圆形，有4棱，顶端有灰褐色环状突起，长3~3. 5毫米，宽1~1. 5毫米。花期4~9月，果期6~11月。

防治方法 加强果园管理，及时中耕除草，特别在成熟前，彻底拔除单株，减少种子留存；地上部分可以入药，可以割除利用。还可用丙草胺、灭草松、高效吡氟乙草灵、噁草酮、扑草净、绿麦隆、氟磺胺草醚、西玛津等除草剂进行防除。

21 香薷（图3-21-1，图3-21-2）

唇形科香薷属，一年生草本植物。又名香茹、香草。除新疆、青海外，几遍全国各地。地上部可以作为中药利用。

形态识别 种子繁殖。茎直立，高0.5~1.2米，具密集的须根。茎通常自中部以上分枝，钝四棱形，具槽，无毛或被疏柔毛，常呈麦秆黄色，老时变紫褐色。叶卵形或椭圆状披针形，长3~9厘米，宽1~4厘米，先端渐尖，基部楔状下延成狭翅，边缘具锯齿，上面绿色，疏被小硬毛，下面淡绿色，主脉上疏被小硬毛，余部散布松脂状腺点，侧脉约6~7对，与中肋两面稍明显；叶柄长0.5~3.5厘米，背平腹凸，边缘具狭翅，疏被小硬毛。

穗状花序长2~7厘米，宽达1.3厘米，偏向一侧，由多花的轮伞花序组成；苞片宽卵圆形或扁圆形，长宽约4毫米，先端具芒状突尖，尖头长达2毫米，多半褪色，外面近无毛，疏布松脂状腺点，内面无毛，边缘具缘毛；花梗纤细，长1.2毫米，近无毛，序轴密被白色短柔毛。花萼钟形，长约1.5毫米，外面被疏柔毛，疏生腺点，内面无毛，萼齿5裂，三角形，前2齿较长，先端具针状尖头，边缘具缘毛。花冠淡紫色，约为花萼长的3倍，外面被柔毛，上部夹生有稀疏腺点，喉部被疏柔毛，冠筒自基部向上渐宽，至喉部宽约1.2毫米，冠檐二唇形，上唇直立，先端微缺，下唇开展，3裂，中裂片半圆形，侧裂片弧形，较中裂片短。雄蕊4枚，前对较长，外伸，花丝无毛，花药紫黑色。花柱内藏，先端2浅裂。

小坚果长圆形，长约1毫米，棕黄色，光滑。花期7~10月，果期10~11月。

生于园地、路旁、山坡、荒地、林内、河岸等处。

防治方法 幼苗时通过中耕清除，成株后适时割除并挖根，可售卖作中药利用；还可用双苯酰草胺、灭草松、噁草酮、嗪草酮、扑草净、绿麦隆、氟磺胺草醚、扑草净、西玛津等除草剂进行防除。

22 洋金花（图3-22-1至图3-22-6）

茄科曼陀罗属，一年生直立草木而呈半灌木状植物。又名闹洋花、凤茄花。分布于我国热带、亚热带及温带地区。花可入药。

形态识别 种子繁殖和扦插繁殖。株高0.5~1.5米，全体近无毛；茎基部稍木质化。叶卵形或广卵形，顶端渐尖，基部不对称圆形、截形或楔形，长5~20厘米，宽4~15厘米，边缘有不规则的短齿或浅裂，或者全缘而波状，侧脉每边4~6条；叶柄长2~5厘米。

花单生于枝杈间或叶腋，花梗长约1厘米。花萼筒状，长4~9厘米，直径2厘米，裂片狭三角形或披针形；花冠长漏斗状，长14~20厘米，檐部直径6~10厘米，筒中部之下较细，向上扩大呈喇叭状，裂片顶端有小尖头，白色、黄色或浅紫色，单瓣、2重瓣或3重瓣；雄蕊5枚，在重瓣类型中常变态成15枚左右，花药长约1.2厘米；子房疏生短刺毛，花柱长11~16厘米。蒴果近球状或扁球状，疏生粗短刺，直径约3厘米，不规则4瓣裂。种子淡褐色，宽约3毫米。花果期3~12月。

喜温暖湿润气候，气温5℃左右种子开始发芽；气温低于2~3℃时，植株死亡。生于荒地、旱地、宅旁、向阳山坡、林缘、草地。在低纬度地区可长成亚灌木。以向阳、土层疏松肥沃、排水良好的砂质壤土分布居多。

防治方法　加强果园管理，及时中耕除草，特别在洋金花种子成熟前，彻底拔除单株，减少种子留存；利用花可入药的特性，花期采花利用。还可用灭草松、吡氟乙草灵、噁草酮、扑草净、绿麦隆、丁草胺、氟磺胺草醚、伏草隆、西玛津等除草剂进行防除。

23 百日草（图3-23-1，图3-23-2）

菊科百日菊属，一年生草本植物。别名百日菊、步步高、火球花、对叶菊、秋罗、步步登高。原产墨西哥，在中国各地均有分布，以观赏为主，也多有野生。全草可入药。

形态识别　种子繁殖。根深，茎直立不易倒伏，高30~100厘米，被糙毛或长硬毛。叶宽卵圆形或长圆状椭圆形，长5~10厘米，宽2. 5~5厘米，基部稍心形抱茎，两面粗糙，下面被密的短糙毛，基出三脉。

头状花序，径5~6. 5厘米，单生枝端，无中空肥厚的花序梗。总苞宽钟状；总苞片多层，宽卵形或卵状椭圆形，外层长约5毫米，内层长约10毫米，边缘黑色。托片上端有延伸的附片；附片紫红色，三角形。舌状花深红色、玫瑰色、紫堇色或白色，舌片倒卵圆形，先端2~3齿裂或全缘，上面被短毛，下面被长柔毛。管状花黄色或橙色，长7~8毫米，先端裂片卵状披针形，上面被黄褐色密茸毛。

瘦果倒卵圆形，长6~7毫米，宽4~5毫米，扁平，腹面正中和两侧边缘各有1棱，顶端截形，基部狭窄，被密毛。花期6~9月，果期7~10月。

喜温、喜光、耐干旱、耐瘠薄、不耐寒。生长适温15~30°C。

防治方法　园地内分布影响果树正常生长，须在幼苗时及时中耕；成株时挖根清除；还可用丁草胺、灭草松、嗪草酮、噁草酮、恶草灵、扑草净、绿麦隆、乙草胺、氟磺胺草醚、西玛津等除草剂进行防除。

24 宝盖草（图3-24-1至图3-24-3）

唇形科野芝麻属，一年生或二年生植物。又名珍珠莲、接骨草、莲台夏枯草。分布于江苏、安徽、浙江、福建、湖南、湖北、河南、陕西、甘肃、青海、新疆、四川、贵州、云南及西藏等地；生于田间、路旁、林缘、沼泽草地及宅旁等地，生长海拔可高达4000米。全草可入药。

形态识别 种子繁殖和分株繁殖。茎高10~30厘米，基部多分枝，上升，四棱形，具浅槽，常为深蓝色，几无毛，中空。茎下部叶具长柄，柄与叶片等长或超过之，上部叶无柄，叶片均圆形或肾形，长1~2厘米，宽0.7~1.5厘米，先端圆，基部截形或截状阔楔形，半抱茎，边缘具极深的圆齿，顶部的齿通常较其余的为大，上面暗橄榄绿色，下面稍淡，两面均疏生小糙伏毛。

轮伞花序6~10花；苞片披针状，长约4毫米，宽约0.3毫米，具缘毛。花萼管状钟形，长4~5毫米，宽1.7~2毫米，外面密被白色直伸的长柔毛，内面除萼上被白色直伸长柔毛外，余部无毛，萼齿5枚，披针状锥形，长1.5~2毫米，边缘具缘毛。花冠紫红或粉红色，长1.7厘米左右，外面除上唇被有较密带紫红色的短柔毛外，余部均被微柔毛，内面无毛环，冠筒细长，长约1.3厘米，直径约1毫米，筒口宽约3毫米，冠檐二唇形，上唇直伸，长圆形，长约4毫米，先端微弯，下唇稍长，3裂，中裂片倒心形，先端深凹，基部收缩，侧裂片浅圆裂片状。雄蕊花丝无毛，花药被长硬毛。花柱丝状，先端不相等2浅裂。花盘杯状，具圆齿。子房无毛。小坚果倒卵圆形，具三棱，先端近截状，基部收缩，长约2毫米，宽约1毫米，淡灰黄色，表面有白色大疣状突起。花期3~5月，果期7~8月。

防治方法 幼苗时通过中耕清除；成株后适时割除并挖根，晒干用作中药；还可用乙氧氟草醚、灭草松、双苯酰草胺、噁草酮、扑草净、稀禾啶、绿麦隆、喹禾灵、氟磺胺草醚、西玛津等除草剂进行防除。

25 狗娃花（图3-25-1至图3-25-3）

菊科狗娃花属，一年或二年生草本植物。广泛分布于我国北部、西北部及东北部各地。地上部分可入药。

形态识别 种子繁殖。垂直的根纺锤状。地上茎高30~150厘米，单生或数个丛生，茎生曲或开展的粗毛，下部常脱毛，有分枝。基部及下部叶倒卵形，长4~13厘米，宽0.5~1.5厘米，渐狭成长柄，顶端钝或圆形，全缘或有疏齿，在花期枯萎；中部叶矩圆状披针形或条形，长3~7厘米，宽0.3~1.5厘米，常全缘；上部叶小，条形；全部叶质薄，两面被疏毛或无毛，边缘有疏毛，中脉及侧脉显明。

头状花序径3~5厘米，单生于枝端而排列成伞房状。总苞半球形，长7~10毫米，径10~20毫米；总苞片2层，近等长，条状披针形，宽1毫米，草质，或内层菱状披针形而下部及边缘膜质，背面及边缘有上曲的粗毛，常有腺点。舌状花30余个，管部长2毫米；舌片浅红色或白色，条状矩圆形，长12~20毫米，宽2.5~4毫米；管状花花冠长5~7毫米，管部长1.5~2毫米，裂片长1或1.5毫米。

瘦果倒卵形，扁，长2.5~3毫米，宽1.5毫米，有细边肋，被密毛。冠毛极短，白色，膜片状，或部分带红色。花期7~9月，果期8~9月。

多生于农田、荒地、路旁、林缘及草地。生长海拔达2400米左右。

防治方法 幼苗时及时铲除；成株时挖根清除，减少种子存留或在成株时割除地上部分入药；还可用灭草松、伏草隆、噁草酮、吡氟乙草灵、扑草净、绿麦隆、氟磺胺草醚、西玛津等除草剂进行防除。

26 马鞭草（图3-26-1至图3-26-4）

马鞭草科马鞭草属，多年生直立草本植物。原产于欧洲，现在我国的华东、华南和西南大部地区都有分布。全草可供药用。

形态识别 种子繁殖。株高30~120厘米。茎四方形，近基部约为圆形，节和棱上有硬毛。叶片卵圆形至倒卵形或长圆状披针形，长2~8厘米，宽1~5厘米，基生叶的边缘通常有粗锯齿和缺刻，茎生叶多数3深裂，裂片边缘有不整齐锯齿，两面均有硬毛，背面脉上尤多。

穗状花序顶生和腋生，细弱，结果时长达25厘米左右，花小，无柄，最初密集，结果时疏离；苞片稍短于花萼，具硬毛；花萼长约2毫米，有硬毛，有5脉，脉间凹穴处质薄而色淡；花冠淡紫至蓝色，长4~8毫米，外面有微毛，裂片5裂；雄蕊4枚，着生于花冠的中部，花丝短；子房无毛。果长圆形，长约2毫米，外果皮薄，成熟时4瓣裂。花期6~8月，果期7~10月。

喜湿润，怕涝，不耐干旱，一般的土壤均可生长，常生长在低至高海拔的田边、路边、山坡、溪边或林旁。

防治方法 利用全草可入药的特性，及时割除利用；及时中耕除草，特别是种子成熟前清除干净，减少种子存留扩散；有效除草剂有噁草酮、敌草胺、灭草松、丁草胺、萘氧丙草胺、异丙甲草胺、乙氧氟草醚、氟乐灵等，幼苗期使用效果好。

27 柔弱斑种草（图3-27-1至图3-27-3）

紫草科斑种草属，一年生草本植物。又名细茎斑种草。分布于东北、华东、华南、西南及陕西、河南等地。全草可入药。

形态识别 种子繁殖。株高15~30厘米。茎细弱，丛生，直立或平卧，多分枝，被向上贴伏的糙伏毛。叶椭圆形或狭椭圆形，长1~2.5厘米，宽0.5~1厘米，先端钝，具小尖，基部宽楔形，上下两面被向上贴伏的糙伏毛或短硬毛。

花序柔弱，细长，长10~20厘米；苞片椭圆形或狭卵形，长0.5~1厘米，宽3~8毫米，被伏毛或硬毛；花梗短，长1~2毫米，果期不增长或稍增长；花萼长1~1.5毫米，果期增大，长约3毫米，外面密生向上的伏毛，内面无毛或中部以上散生伏毛，裂片披针形或卵状披针形，裂至近基部；花冠蓝色或淡蓝色，长1.5~1.8毫米，基部直径1毫米，檐部直径2.5~3毫米，裂片圆形，长宽约1毫米；花柱圆柱形，极短，长约0.5毫米，约为花萼1/3或不及。小坚果肾形，长1~1.2毫米。

苗期秋冬季或少量至第2年春季，花果期4~6月份。为夏熟作物田和果园冬季主要杂草。

防治方法 及时中耕，铲除杂草；及时拔除全草入药利用；有效除草剂有伏草隆、噁草酮、灭草松、双苯酰草胺、萘氧丙草胺、地乐胺、异丙甲草胺、精吡氟禾草灵、乙氧氟草醚、氟乐灵等。

28 夏枯草（图3-28-1至图3-28-3）

唇形科夏枯草属，多年生草本植物。又名麦穗夏枯草、铁线夏枯草、麦夏枯等；主要分布在陕西、甘肃、新疆、河南、湖北、湖南、江西、浙江、福建、台湾、广东、广西、贵州、四川及云南等地。地上部分可入药。

形态识别 种子繁殖。根茎匍匐，在节上生须根。茎高20~30厘米，上升，下部伏地，自基部多分枝，钝四棱形，紫红色，被稀疏的糙毛或近于无毛。茎叶卵状长圆形或卵圆形，大小不等，长1.5~6厘米，宽0.7~2.5厘米，先端钝，基部圆形、截形至宽楔形，下延至叶柄成狭翅，边缘具不明显的波状齿或几近全缘，草质，上面橄榄绿色，具短硬毛或几无毛，下面淡绿色，几无毛，侧脉3~4对，在下面略突出，叶柄长0.7~2.5厘米，自下部向上渐变短。

花序下方的一对苞叶似茎叶，近卵圆形，无柄或具不明显的短柄。轮伞花序密集组成顶生长2~4厘米的穗状花序，每一轮伞花序下承以苞片；苞片宽心形，长约7毫米，宽约11毫米，先端具长1~2毫米的骤尖头，脉纹放射状，外面在中部以下沿脉上疏生刚毛，内面无毛，边缘具睫毛，膜质，浅紫色。花萼钟形，连齿长约10毫米，筒长4毫米，倒圆锥形，外面疏生刚毛，二唇形，上唇扁平，宽大，近扁圆形，先端几截平，具3个不很明显的短齿，中齿宽大，齿尖均呈刺状微尖，下唇较狭，2深裂，裂片达唇片之半或以下，边缘具缘毛，先端渐尖，尖头微刺状。花冠紫、蓝紫或红紫色，长约13毫米，略超出于萼，冠筒长7毫米，基部宽约1.5毫米，其上向前方膨大，至喉部宽约4毫米，外面无毛，内面约近基部1/3处具鳞毛毛环，冠檐二唇形，上唇近圆形，径约5.5毫米，内凹，多少呈盔状，先端微缺，下唇约为上唇1/2裂，中裂片较大，近倒心脏形。雄蕊4枚，前对长很多，均上升至上唇片之下，彼此分离，花丝略扁平，无毛。花柱纤细，先端相等2裂，裂片钻形，外弯。花盘近平顶。子房无毛。

小坚果黄褐色，长圆状卵珠形，长1.8毫米，宽约0.9毫米，微具沟纹。花期4～6月，果期7～10月。

夏枯草喜温暖湿润的环境，耐寒性、适应性较强。在旱坡地、山脚、林边草地、路旁、田埂边呈自然分布。

防治方法 幼苗时通过中耕清除；成株后适时割除利用入药；彻底清除须挖根；还可用吡氟乙草灵、灭草松、噁草酮、喹禾灵、扑草净、绿麦隆、乙草胺、氟磺胺草醚、西玛津等除草剂进行防除。

29 早开堇菜（图3-29-1至图3-29-6）

堇菜科堇菜属，多年生草本植物。又名光瓣堇菜。分布于我国黑龙江、辽宁、甘肃、江苏、吉林、宁夏、山东、云南、内蒙古、山西、安徽、湖北、陕西、河南、河北等地。全草可供药用。

形态识别 种子繁殖和分株繁殖。根状茎垂直，短而较粗壮，长4～20毫米，粗可达9毫米，上端常有前一年残叶围绕。根数条，带灰白色，粗而长，通常皆由根状茎的下端发出，向下直伸，或有时近横生。无地上茎，花期高3～10厘米，果期高可达20厘米左右。叶多数，均基生；叶片在花期呈长圆状卵形、卵状披针形或狭卵形，长1～4.5厘米，宽0.6～2厘米，先端稍尖或钝，基部微心形、截形或宽楔形，稍下延，幼叶两侧通常向内卷折，边缘密生细圆齿，两面无毛或被细毛，有时仅沿中脉有毛；果期叶片显著增大，长可达10厘米，宽可达4厘米，三角状卵形，最宽处靠近中部，基部通常宽心形；叶柄较粗壮，花期长1～5厘米，果期长达13厘米，上部有狭翅，无毛或被细柔毛；托叶苍白色或淡绿色，干后呈膜质，2/3与叶柄合生，下部者宽7～9毫米，离生部分线状披针形，长7～13毫米，边缘疏生细齿。

花紫堇色或淡紫色，喉部色淡并有紫色条纹，直径1.2～1.6厘米，无香味；花梗较粗壮，具棱，超出于叶，在近中部处有2枚线形小苞片；萼片披针形或卵状披针形，长6～8毫米，先端尖，具白色狭膜质边缘，基部附属物长1～2毫米，末端具不整齐齿痕或近全缘，无毛或具纤毛；上方花瓣倒卵形，长8～11毫米，向上方反曲，侧方花瓣长圆状倒卵形，长8～12毫米，里面基部通常有须毛或近于无毛，下方花瓣长14～21毫米，粗1.5～2.5毫米，末端钝圆且微向上弯；药隔顶端附属物长约1.5毫米，花药长1.5～4.5毫米；子房长椭圆形，无毛，花柱棍棒状，顶部明显膝曲，上部增粗，柱头顶部平或微凹，两侧及后方浑圆或具狭缘边，前方具不明显短喙，喙端具较狭的柱头孔。

蒴果在花柱顶部均等地向三个方向呈放射状，每个角呈长椭圆形，长5～12毫米，无毛。种子多数，卵球形，长约2毫米，直径约1.5毫米，深褐色常有棕色斑点。花果期4月上中旬至9月。

早春花开放季节具有观赏价值，可以栽植在花圃用于观赏。多生长在农田、山坡草地、沟边或宅旁等向阳处。

防治方法 适时中耕除草，并在种子成熟前彻底清除田旁隙地的早开堇菜；采种作花卉种子利用；采挖全草入药利用。有效除草剂有嗪草酮、精吡氟禾草灵、甲草胺、异丙甲草胺、乙草胺、敌稗、萘氧丙草胺、西玛津、扑草净、噁草酮、乙氧氟草醚、百草枯、草甘膦等。

30 紫苜蓿（图3-30-1至图3-30-3）

豆科苜蓿属，多年生草本植物。全国各地都有栽培或呈野生、半野生状态。为优良饲料、绿肥植物，种子含油10%左右。

形态识别 种子繁殖。根粗壮，根颈发达。茎高30~100厘米，直立、丛生以至平卧，茎四棱形，无毛或微被柔毛，枝叶茂盛。羽状三出复叶；托叶大，卵状披针形，先端锐尖，基部全缘或具1~2齿裂，脉纹清晰；叶柄比小叶短；小叶长卵形、倒长卵形至线状卵形，等大，或顶生小叶稍大，长（5）10~25（~40）毫米，宽3~10毫米，纸质，先端钝圆，具由中脉伸出的长齿尖，基部狭窄，楔形，边缘1/3以上具锯齿，上面无毛，深绿色，下面被贴伏柔毛，侧脉8~10对，与中脉成锐角，在近叶边处略有分叉；顶生小叶柄比侧生小叶柄略长。花序总状或头状，长1~2.5厘米，具花5~30朵；总花梗挺直，比叶长；苞片线状锥形，比花梗长或等长；花长6~12毫米；花梗短，长约2毫米；萼钟形，长3~5毫米，萼齿线状锥形，比萼筒长，被贴伏柔毛；花冠淡黄、深蓝至暗紫色，花瓣均具长瓣柄，旗瓣长圆形，先端微凹，明显较翼瓣和龙骨瓣长，翼瓣较龙骨瓣稍长；子房线形，具柔毛，花柱短阔，上端细尖，柱头点状，胚珠多数。荚果螺旋状紧卷2~4（~6）圈，中央无孔或近无孔，径5~9毫米，被柔毛或渐脱落，脉纹细，不清晰，熟时棕色；有种子10~20粒。种子卵形，长1~2.5毫米，平滑，黄色或棕色。花期5~7月，果期6~8月。

防治方法 适时中耕除草，因其可以作牧草；在不影响果树生长的前提下，可以刈割利用；在种子成熟前彻底清除田旁隙地的紫苜蓿，减少种子存留；有效除草剂有甲草胺、异丙甲草胺、乙草胺、敌稗、萘氧丙草胺、西玛津、扑草净、噁草酮、乙氧氟草醚、百草枯、草甘膦等。

31 簇生卷耳（图3-31-1至图3-31-4）

石竹科卷耳属，一年生或越年生草本植物。分布于华南、华中、华东、西北、西南各地。

形态识别 种子繁殖。茎单生或丛生，高15~30厘米，近直立，全株被白色短柔毛和腺毛。基生叶叶片近匙形或倒卵状披针形，基部渐狭呈柄状；茎生叶近无柄，叶片卵形、狭卵状长圆形或披针形，长1~4 厘米，宽3~12 毫米，顶端急尖或钝尖，两面均被短柔毛，边缘具缘毛。聚伞花序顶生；苞片草质；花梗细，长5~25毫米，密被长腺毛，花后弯垂；萼片5，长圆状披针形，长5. 5~6. 5毫米，外面密被长腺毛，边缘中部以上膜质；花瓣5，白色，倒卵状长圆形，等长或微短于萼片，顶端2浅裂，基部渐狭，无毛；雄蕊短于花瓣，花丝扁线形，无毛；花柱5，短线形。蒴果圆柱形，长8~10毫米，长为宿存萼的2倍，顶端10齿裂；种子褐色。花期5~6月，果期6~7月。

防治方法　加强果园管理及时铲除幼苗；成株时彻底拔除，减少种子存留；还可用吡氟乙草灵、苯磺隆、苄嘧磺隆、恶草灵、氟唑草酮、噻磺隆等除草剂进行防除。

32　聚合草（图3-32-1至图3-32-5）

紫草科聚合草属，丛生型多年生草本植物。又名爱国草、肥羊草、友益草、友谊草、紫根草、康复力、外来聚合草、西门肺草、紫草根等。全国多地有分布。

形态识别　种子和分株繁殖。根发达、主根粗壮，淡紫褐色。茎数条，直立或斜升，具分枝，高30~90厘米，全株被向下稍弧曲的硬毛和短伏毛。基生叶通常50~80片，最多可达200片，具长柄，叶片带状披针形、卵状披针形至卵形，长30~60厘米，宽10~20厘米，稍肉质，先端渐尖；茎中部和上部叶较小，无柄，基部下延。花序含多数花；花萼裂至近基部，裂片披针形，先端渐尖；花冠长14~15毫米，淡紫色、紫红色至黄白色，裂片三角形，先端外卷；花药长约3. 5毫米，顶端有稍突出的药隔，花丝长约3毫米，下部与花药近等宽；子房通常不育，偶而个别花内成熟1个小坚果。小坚果歪卵形，长3~4毫米，黑色，平滑，有光泽。花期5~10月。

聚合草适应性广，产量高，利用期长，适口性好，是优质高产的畜禽饲草，并有较高的营养价值，也可作药用，还有一定的观赏价值。

防治方法　幼苗时通过中耕清除;成株后适时采收作饲草利用或作中药；果园生长量大时会影响果树生长，应及时清除，可用嗪草酮、苯磺隆、苄嘧磺隆、敌草胺、氟唑草酮、噻磺隆等杀灭阔叶杂草的除草剂进行防除。

33　白茅（图3-33-1至图3-33-5）

禾本科白茅属，多年生杂草，地下具根茎。分布于全国各地，尤以南方地区为多。也是褐飞虱、灰飞虱的寄主。

形态识别　根茎和种子（颖果）繁殖。根茎粗长，横卧地下，长达2~3米以上，节上生褐色或淡黄色鳞片状叶和不定根，断节再生能力极强，根状茎可以穿透树根。根茎咀嚼有甜味。成株茎秆直立，2～3节，节上有长4～10毫米之柔毛；叶多聚集基部，叶鞘无毛或上部边缘和鞘口有纤毛，老时基部破碎成纤维状；叶舌膜质，长约1毫米；叶片条形或条状披针形，先端渐尖，基部渐狭，长5~60厘米，宽2～8厘米；顶生叶片短小。圆锥花序圆柱状，分枝短缩密集，小穗披针形或长圆形，长3～4毫米，基部密生长10～15毫米的丝状柔毛。黄淮地区4月中下旬根茎上发芽出苗，5月上旬抽穗开花，颖果成熟后随风飘散，入土后即能发芽，当年生的实生苗即能形成地下根茎；白茅适应性强，耐阴、耐瘠薄和干旱，喜湿润疏松土壤，在适宜的条件下，一旦形成草害就很难彻底清除。

防治方法 深翻土壤，发现有白茅发生即彻底清除，防止形成灾害；有效除草剂有乙氧氟草醚、草甘膦、茅草枯、烯禾啶等。

34 苍耳（图3-34-1至图3-34-6）

菊科苍耳属，一年生草本植物。全国各地均有分布。

形态识别 种子繁殖。茎直立不分枝或少有分枝，株高20~90厘米。叶三角状卵形或心形，长4~9厘米，宽5～10厘米，近全缘，或有3～5片不明显浅裂，顶端尖或钝，基部稍心形，与叶柄连接处成相等的楔形，边缘有不规则的粗锯齿，叶被粗糙或短白茸毛，叶柄长3～11厘米。雄性的头状花序球形，直径4~6毫米，有或无花序梗，总苞片长圆状披针形，长1～1.5毫米，被短柔毛，花托柱状，托片倒披针形，长约2毫米，顶端尖，雄花多数，花冠钟形；花药长圆状线形；雌性的头状花序椭圆形，外层总苞片小，披针形，长约3毫米，被短柔毛，内层总苞片结合成囊状，宽卵形或椭圆形，绿色、淡黄绿色或红褐色。

带总苞的果实中药称为苍耳子，具药用价值，成熟时坚硬，倒卵形，连同喙部长12~15毫米，宽4～7毫米，外面有疏生的具钩状的刺，刺极细，基部微增粗，长1～1.5毫米，喙坚硬，锥形，上端略呈镰刀状，长2.5毫米左右，不等长。4~5月发芽出土，5～9月营养和生殖生长同时生长，7～9月开花，9～10月成熟。

防治方法

加强果园管理，及时中耕除草，特别在苍耳子成熟前，彻底拔除单株，减少种子留存；苍耳子可以入药。还可用灭草松、噁草酮、扑草净、绿麦隆、氟磺胺草醚、西玛津等除草剂进行化学防除。

35 野燕麦（图3-35-1至图3-35-4）

禾本科燕麦属，一年生或越年生植物。又名乌麦、铃铛麦。全国各地均有分布。

形态识别 种子繁殖。一年生须根较坚韧。秆直立，光滑无毛，高60~120厘米，具2~4节。叶鞘松弛，光滑或基部者被微毛；叶舌透明膜质，长1~5毫米；叶片扁平，长10~30厘米，宽4~12毫米，微粗糙。圆锥花序开展，金字塔形，长10~25厘米，分枝具棱角；小穗长18~25毫米，含2~3个小花，其柄弯曲下垂；小穗轴密生淡棕色或白色硬毛；颖草质，外稃质地坚硬，第一外稃长15~20毫米，芒自稃体中部稍下处伸出，长2~4厘米。颖果被淡棕色柔毛，长6~8毫米。9、10月种子发芽出土，冬季生长量小，春暖夏初生长，花果期5~6月。

防治方法 生长季节及时中耕，特别是在种子成熟前彻底清除燕麦植株，减少种子留存；利用专用化学除草剂毒草胺、野麦畏（燕麦畏）、禾草丹防除。

36 播娘蒿（图3-36-1至图3-36-4）

十字花科播娘蒿属，一年生草本植物。又名米蒿、黄蒿。分布于全国各地。

形态识别 种子繁殖。茎直立，高20~80厘米，上部分枝，密被分枝状短柔毛。叶为矩圆形或长披针形，长3~7厘米，宽1~4厘米，二至三回羽状全裂或深裂；茎下部叶有柄，向上叶柄逐渐缩短或近于无柄。总状花序顶生，具多数花；具花梗；萼4片，条状矩圆形；花瓣4片，黄色，匙形，与萼片近等长。长角果狭条形，长2~3厘米，宽约1毫米，淡黄绿色。种子1行，黄棕色，矩圆形，长约1毫米，宽约0.5毫米，稍扁。黄淮地区9月、10月种子发芽出土，以幼苗越冬，春季生长，花果期4~6月。

防治方法 生长季节人工及时除草；种子可榨油食用，种子散落前拔除利用。可用嗪草酮、苯磺隆、苄嘧磺隆、氟唑草酮、乙草胺、噻磺隆等除草剂进行防除。

37 鸭跖草（图3-37-1，图3-37-2）

鸭跖草科鸭跖草属，一年生披散草本植物。又名碧竹子、翠蝴蝶、淡竹叶等。产云南、四川、甘肃以东的南北各地。

形态识别 种子和根茎繁殖。茎匍匐生根，多分枝，长可达1米，下部无毛，上部被短毛。叶披针形至卵状披针形，长3~9厘米，宽1.5~2厘米。聚伞花序，下面一枝仅有花1朵，具长8毫米左右的梗；上面一枝具花3~4朵，花梗长仅3毫米左右，果期弯曲；萼片膜质；花瓣深蓝色；内有2枚具爪，长近1厘米。蒴果椭圆形，长5~7毫米，有种子4颗，种子长2~3毫米，棕黄色。喜温暖、湿润气候，喜弱光，忌阳光暴晒，适宜生长温度20~30℃，夜间温度10~18℃生长良好，冬季不低于10℃正常生长。花期6~8月。

防治方法 园地深耕，捡拾地下根茎带出园外处理；结合全株可以入药的特性，有目的挖除利用。采用吡氟乙草灵、唑草酮、双氟磺草胺、噁草酮、乙氧氟草醚、恶草灵等除草剂进行防治。

38 婆婆纳（图3-38-1至图3-38-3）

玄参科婆婆纳属，一年生或越年生铺散多分枝草本植物。分布于全国各地。

形态识别 种子和分株繁殖，黄淮地区10月初出苗，以幼苗或种子越冬。植株上被长柔毛，茎自基部分枝，下部匍匐地面，茎高10~25厘米。叶片在茎下部对生2~4对，上部互生，叶片心形至卵形，长5~10毫米，宽6~7毫米，每边有2~4个深刻的钝齿，两面被白色长柔毛，叶柄长3~6毫米。总状花序，苞片叶状，下部的对生或全部互生；花梗比苞片略短。花冠淡紫色、蓝色、粉色或白色，直径4~5毫米。蒴果近于肾形，密被腺毛，略短于花萼，宽4~5毫米。种子背面具横纹，长约1.5毫米。早春开紫红色小花，单生于苞腋。花果期3~10月。

防治方法 幼苗时通过中耕清除，成株后适时割除并挖根；因其根系分布较浅，可以作为果园生草栽培草种利用；还可用乙草胺、苯磺隆、苄嘧磺隆、氟唑草酮、噻磺隆等除草剂进行防除。

39 麦蓝菜（图3-39-1至图3-39-3）

石竹科麦蓝菜属，一年生或越年生草本植物，种子可作中药。又名王不留行、王不留、奶米、麦蓝子、剪金子、留行子。在我国分布于东北、华北、西北、西南、华中等地。

形态识别 种子繁殖，以幼苗或种子越冬。黄河中下游9~10月间出苗，早春出苗数量较少，春夏生长。根为主根系。茎单生，直立，上部分枝。主茎高30~70厘米，全株无毛，微被白粉，呈灰绿色。叶片卵状披针形或披针形，长3~9厘米，宽1.5~4厘米，基部圆形或近心形，微抱茎，顶端急尖。伞房花序稀疏；花梗细，长1~4厘米；苞片披针形，着生花梗中上部；花萼卵状圆锥形，长10~15毫米，宽5~9毫米，后期微膨大呈球形，棱绿色，棱间绿白色，近膜质，萼齿小，三角形，顶端急尖，边缘膜质；花瓣淡红色，5瓣，长14~17毫米，宽2~3毫米，狭楔形，淡绿色，瓣片狭倒卵形，斜展或平展，微凹缺。蒴果宽卵形或近圆球形，长8~10毫米；种子近圆球形，直径约2毫米，红褐色至黑色。花期5~7月，果期6~8月。

防治方法 幼苗时及时铲除；成株时彻底拔除，减少种子存留；还可用乙氧氟草醚、苯磺隆、嗪草酮、苄嘧磺隆、氟唑草酮、噻磺隆等除草剂进行化学防除。

40 棒头草（图3-40-1至图3-40-6）

禾本科棒头草属，一年生草本杂草。除东北、西北冬季寒冷地区外，全国各地均有分布。

形态识别 种子繁殖。以幼苗或种子越冬。在黄淮地区，10月中旬至11月上中旬出苗，翌年2月下旬至3月下旬返青，同时越冬种子亦萌发出苗，4月上旬出穗、开花，5月下旬至6月上旬颖果成熟，盛夏全株枯死。

成株秆丛生，基部膝曲，大都光滑，株高10~75厘米。叶鞘光滑无毛，大都短于或下部者长于节间；叶舌膜质，长圆形，长3~8毫米；叶片扁平，微粗糙或下面光滑，长2.5~15厘米，宽3~4毫米。圆锥花序穗状，长圆形或卵形，较疏松，具缺刻或有间断，分枝长可达4厘米；小穗长约2.5毫米，灰绿色或部分带紫色；颖长圆形，疏被短纤毛，芒从裂口处伸出，细直，微粗糙，长1~3毫米。颖果椭圆形，一面扁平，长约1毫米。

防治方法 及时清除果园内及周边、路旁的杂草，减少种源；用杂草沤制农家肥时，需高温堆沤2~4周，杀死种子。利用杀灭禾本科杂草禾草丹、吡氟禾草灵等除草剂进行防除。

果园害虫主要天敌保护与识别利用

01 食虫瓢虫（图4-1-1至图4-1-8）

属鞘翅目瓢虫科。瓢虫的种类多达4000种，其中80%以上是肉食性的。常见的有七星瓢虫、四斑月瓢虫、二星瓢虫、小红瓢虫、大红瓢虫、异色瓢虫、黑背小毛瓢虫、澳洲瓢虫、深点食螨瓢虫、黑襟毛瓢虫、龟纹瓢虫、孟氏隐唇瓢虫等，均为天敌昆虫。全国各产区均有分布。我国利用瓢虫防治果树害虫已达数十种。

防治对象 以成虫、幼虫捕食叶螨、蚜虫、介壳虫、粉虱、木虱、叶蝉等小体型昆虫及鳞翅目低龄幼虫和卵。

生活习性 捕食性瓢虫其食量很大，如异色瓢虫的1龄幼虫每天捕食蚜虫数量为10～30头，4龄幼虫为每天100～200头，成虫食量更大。而深点食螨瓢虫能捕食果树、蔬菜、花卉及林木等多种螨类的成虫、若虫和卵，它的成虫和幼虫发生时期长，世代重叠，食量大，对果树上的螨类有较好的控制作用。

利用方法

利用七星瓢虫等防治果树蚜虫 食蚜瓢虫除七星瓢虫外，还有四斑月瓢虫、二星瓢虫、异色瓢虫、龟纹瓢虫、六斑月瓢虫等。于4～5月间把麦田的上述瓢虫引移到果园，每亩移入千头以上，可有效地防治果树蚜虫。也可在早春利用田间的蚜虫饲养繁殖瓢虫，然后散放到果园中控制果树蚜虫效果好。

用澳洲瓢虫、大红瓢虫、小红瓢虫防治果树害虫吹绵蚧 4～6月移殖散放到果园中心枝叶茂密、吹绵蚧多的果树上，每500株受害树，散放200头成虫，散放后2个月可消灭吹绵蚧。

利用食螨瓢虫防治果树害螨 常用的有深点食螨瓢虫、广东食螨瓢虫、拟小食螨瓢虫、腹管食螨瓢虫。生产上华北地区用深点食螨瓢虫防治苹果叶螨效果很好。后3种分布东南地，在4、5月和9、10月将食螨瓢虫散放在果树枝条上，于每亩果园中央10株放200～400头，可控制山楂叶螨等。

02 草蛉（图4-2-1至图4-2-4）

属脉翅目草蛉科。幼虫又称蚜狮。草蛉种类多，分布广，食性杂。已知有86属1350多种，中国有15属百余种，常见的有中华草蛉、大草蛉、丽草蛉、叶色草蛉、晋草蛉等，分布在长江流域及北方各地。普通草蛉分布在新疆、黄淮、台湾等地。

防治对象 草蛉是捕食性天敌昆虫。成虫、幼虫捕食螨类、蚜虫类、白粉虱、叶蝉、介壳虫、蓟马等多种小体型害虫以及蝶蛾类和叶甲类的卵和幼虫。

生活习性 草蛉食量大，行动迅速，捕食能力强。草蛉在华北地区1年发生3~5代。其成虫产卵量大，少者300~400粒，多者达1000粒以上。草蛉发育一代需22~43天。1头大草蛉幼虫一生可捕食各类蚜虫600头以上；1头中华草蛉1~3龄幼虫平均日最多可分别捕食若螨400~700头，同时还可捕食其他害虫的卵和幼虫。中华草蛉控制害虫作用非常明显。

利用方法 晋草蛉嗜食螨类，可用于防治山楂叶螨、卵形短须螨。大草蛉嗜食蚜虫，用于防治果树上的蚜虫。利用方法是在上述螨类、蚜虫初发时投放即将孵化的灰色蛉卵，也可把蛉卵放入1%琼脂液中，用喷雾法施放。

草蛉的饲养：将新羽化的成虫集中大笼饲养，喂饲清水和啤酒酵母干粉加食糖混合（10 ：8）的人工饲料，进入产卵前期转入产卵笼饲喂。每笼养雌草蛉50~75头，搭配少量雄虫，笼内壁围衬卵箔纸，24小时可获草蛉卵700~1000粒，每天更换卵箔纸1次，添加清水和饲料。把卵箔装进塑料袋封口置于8~12℃条件下，存放30天，卵仍可孵化。

03 寄生蜂、蝇类（图4-3-1至图4-3-8）

寄生蜂，属膜翅目，分属姬蜂科、小蜂科等。种类多，分布广。我国应用较多的有赤眼蜂、蚜茧蜂、甲腹茧蜂、上海青蜂、跳小蜂和姬小蜂、姬蜂和茧蜂等。

寄生蝇，属双翅目寄蝇科。是果园害虫幼虫和蛹的主要天敌，防治对象与寄生蜂类基本相同。与苍蝇的主要区别是身上有很多刚毛，种类很多。果树上常见的有卷叶蛾赛寄蝇、伞裙追寄蝇等，寄主为桃小食心虫、大袋蛾、棉蛉虫、小地老虎等。

防治对象 以雌成虫产卵于鳞翅目害虫，如桃蛀螟、果剑纹夜蛾、刺蛾、桃小食心虫、卷叶蛾及蚜虫等寄主体内或体外，以幼虫取食寄主的体液摄取营养，至寄主死亡。

生活习性 不同的寄生蜂对寄主的寄生方式不同，可以分别寄生卵、幼虫、蛹和成虫、若虫。

赤眼蜂 是一种寄生在害虫卵内的寄生蜂，我国应用较多的有松毛虫赤眼蜂、拟澳洲赤眼蜂、舟蛾赤眼蜂及稻螟赤眼蜂等。该类蜂体型很小，眼睛鲜红色，故名赤眼蜂。它能寄生400余种昆虫卵，尤其喜欢寄生鳞翅目昆虫卵，如果树上的刺蛾等，是果园害虫的重要天敌。果树上常见的松毛虫赤眼蜂，在自然条件下，华北地区1年发生10~14代，每头雌蜂可繁殖子代40~176头。利用松毛虫赤眼蜂防治果园梨小食心虫，每亩放蜂量8万~10万头，梨小食心虫卵寄生率为90%，虫害明显降低，其效果明显好于化学防治。

蚜茧蜂 是一种寄生在蚜虫体内的重要天敌。蚜茧蜂在4~10月均有成虫发生，每头雌蜂产卵量数粒至数百粒，尤其喜欢寄生2~3龄的若蚜，以6~9月寄生率较高，有时寄生率高达80%~90%，对蚜虫种群有重要的抑制作用。

甲腹茧蜂　果园常见的是桃小甲腹茧蜂，1年发生2代，寄主为桃小食心虫，以幼虫在桃小食心虫越冬幼虫体内越冬，世代发生与寄主同步。寄生率可达25%~50%。

跳小蜂和姬小蜂　旋纹潜叶蛾的主要天敌，均在寄主蛹内越冬。1年发生4~5代，越冬代成虫5月份将卵产于寄主幼虫体内，寄生率可达40%以上。

姬蜂和茧蜂　可寄生多种害虫的幼虫和蛹。果树上主要有桃小食心虫白茧蜂和花斑马尾姬蜂。白茧蜂1年发生4~5代，产卵于寄主卵内，随寄主卵孵化而取食发育，直至将寄主幼虫致死。马尾姬蜂1年发生2代，以幼虫在寄主幼虫体内越冬，翌春待寄主化蛹后将其食尽，并在寄主蛹壳内化蛹。

利用方法　以赤眼蜂为例。用蓖麻蚕、柞蚕及松毛虫的卵，繁殖松毛虫赤眼蜂和拟澳洲赤眼蜂，这两种赤眼蜂在蓖麻蚕卵内，25℃发育历期10~12天，每年可繁殖30~50代。繁殖时可从田间采集被赤眼蜂寄生的卵，羽化后进行鉴定再饲养。用于寄生的蓖麻蚕卵先洗掉表面胶质，用白纸涂薄胶后，把蚕卵均匀黏上制成卵箔或称卵卡。繁蜂时把卵箔置于繁蜂箱透光一面，当种蜂羽化30%~40%时接蜂。成蜂趋光并趋向蚕卵寄生。种蜂和蓖麻蚕卵的比为2 ：1或1 ：1，适温25~28℃，相对湿度85%~90%为宜。田间放蜂、繁蜂及防治对象的卵期应掌握恰当才能有效。制好的蜂卡要在蜂发育到幼虫期或预蛹期时，置于10℃以下冷藏保存，50~90天内羽化率不低于70%。放蜂时把即将羽化的预制蜂卡，按布局分放在田间，使其自然羽化，也可先在室内使蜂羽化、再饲以糖蜜，然后到田间均匀释放。防治发生代数较多或产卵期较长的害虫时，应在害虫产卵期内多放几次蜂。

04 捕食螨（图4-4-1）

属蛛形纲，分属不同的科。俗称红蜘蛛、黄蜘蛛等。是以捕食害螨为主的有益螨类的统称。我国有利用价值的捕食螨种类有智利小植绥螨、东方植绥螨、尼氏钝绥螨、穗氏钝螨、东方钝绥螨、拟长毛钝绥螨、西方盲走螨等。

防治对象　以成虫、若虫捕食害螨和蚜虫、介壳虫、叶蝉等小体型害虫和卵。

生活习性　在捕食螨中以植绥螨最为理想，它捕食凶猛，具有发育周期短、捕食范围广、捕食量大等特点，1头雌螨能消灭5头害螨在半月内繁殖的群体，同时还捕食一些蚜虫、介壳虫等小体型害虫。植绥螨发生代数因种类而异，一般1年发生8~12代，以雌成虫在枝干树皮裂缝或翘皮下越冬。幼螨孵化后随即取食，成螨、若螨均可捕食害螨的各虫态。

利用方法　我国对几种植绥螨的饲养繁殖，多采用隔水法：即在瓷盆内垫泡沫塑料，上盖一层薄膜，饲料和植绥螨放在薄膜上，盘中加浅水隔离，防止植绥螨逃逸。饲料以喜食的害螨为主，也可用20%~50%的蜂蜜水、鲜花粉或干燥2年的柑橘花粉为食料。适时在果园中释放植绥螨。果园内种植益螨栖息植物豆类等，增加其栖息场所和食料来源；合理灌溉，提高果园相对湿度；加强测报，必要时进行挑治，以利益螨繁殖，使益螨种群数量增加，维持益、害螨之间的数量平衡，把害螨控制在经济阈值允许的范围之内。

05 蜘蛛（图4-5-1至图4-5-8）

属蜘蛛纲蛛形目。种类多，种群的数量大，分属不同的科。我国有3000多种，现已定名1500余种，其中80%生活在果园中，是害虫的主要天敌。如三突花蛛、草间小黑蛛、八斑球腹蛛、拟水狼蛛等。

防治对象 为肉食性动物。捕食同翅目、鳞翅目、直翅目、半翅目、鞘翅目等多种害虫，如蚜虫、花弄蝶、毛虫类、椿象、叶蝉、飞虱、卷叶蛾等害虫的成虫、幼虫和卵。

生活习性 蜘蛛寿命较长，小体型半年以上，大体型可达多年；两性生殖，雄蛛体小，出现时间短，通常采到的多为雌蛛；抗逆性强，耐高温、低温和饥饿；为肉食性动物，性情凶猛，行动敏捷，专食活体，在它的视力范围或丝网附近的猎物很少能够逃脱；分结网和不结网两类，前者在地面土壤间隙做穴结网或在树冠上、草丛中结网，捕食落入网中的害虫，后者游猎捕食地面和地下害虫，也可从树上、草丛、水面或墙壁等处猎食，无固定的栖息场所。捕食时先用螯肢刺入活虫体内，注入毒液使之麻痹，然后取食。

利用方法 ①创造适于蜘蛛生存的环境条件，特别注意不要人为破坏蜘蛛结的丝网；收集田边、沟边杂草等处的蜘蛛，助其迁入果园。②人工繁殖。人工繁殖母蛛越冬，待其产卵孵化后，分批释放至果园，增加果园有益蛛量。或于2~3月田间收集越冬卵囊，冷藏在0℃左右的低温下，经40天对孵化无影响，待果树发芽后放入果园。③防治害虫时选择高效低毒农药，不准用剧毒农药，以免伤及害虫天敌。

06 食蚜蝇（图4-6-1至图4-6-4）

属双翅目食蚜蝇科。种类多，分布广。主要有黑带食蚜蝇、斜斑额食蚜蝇等。

防治对象 捕食果树蚜虫、叶蝉、介壳虫、飞虱、蓟马、叶螨等小体型害虫和蝶蛾类害虫的卵和初龄幼虫。

生活习性 成虫颇似蜜蜂，但腹部背面大多有黄色横带，喜取食花粉和花蜜。卵单产，白色，大多产于蚜虫群中或其周围。黑带食蚜蝇是果园中较常见的一种，幼虫蛆形，头尖尾钝，体壁上有纵向条纹，碰到蚜虫就用口器咬住不放，举在空中吸，把体液吸干后丢弃在一旁，又继续捕食；幼虫孵化后即可捕食蚜虫，每只幼虫一生可捕食数百头至数千头蚜虫；在华北地区1年发生4~5代，卵期3~4天，幼虫期9~11天，蛹期7~9天，多以末龄幼虫或蛹在植物根际土中越冬，翌春4月上旬成虫出现，4月下旬在果树及其他植物上活动取食，5~6月份各虫态发生数量较多，7~8月份蚜虫等食料缺乏时，幼虫在叶背或卷叶中化蛹越夏，秋季又继续取食或转移至果园附近农田或林木上产卵，孵化后继续取食蚜虫，秋后入土化蛹。

利用方法 ①种植蜜源植物，招引和诱集食蚜蝇繁衍。②人工繁殖和释放。③提倡使用低毒高效低残留农药，禁用剧毒农药，保护天敌。

07 食虫椿象（图4-7-1至图4-7-3）

属半翅目蝽总科。果园害虫天敌的一大类群，其种类很多。主要有茶色广喙蝽、东亚小花蝽、小黑花蝽、黑顶黄花蝽、光肩猎蝽、白带猎蝽、褐猎蝽等。

防治对象 以成虫、若虫捕食蚜虫、叶螨、介类、叶蝉、蓟马、椿象以及鳞翅目、鞘翅目害虫的卵及低龄幼虫。

生活习性 食虫椿象与有害椿象的区别：有害椿象有臭味，其喙由头顶下方紧贴头下，直接向体后伸出，不呈钩状。而食虫椿象大多无臭味，喙坚硬如锥，基部向前延伸，弯曲或呈钩状，不紧贴头下。在北方果区多数食虫椿象1年发生4代，发生期4~10月，若虫孵化后即可以取食，专门吸食害虫的卵汁或幼虫、若虫体液。捕食能力很强，1头小黑花蝽成虫日平均捕食各种虫态叶螨20头，卵20粒，蚜虫27头。以雌成虫在果树枝、干的翘皮下越冬，翌年4月开始活动取食。

利用方法 ①创造适于天敌活动的环境条件，招引和诱集。②人工繁殖和释放。③果园用药要选用对天敌杀伤力小的农药，保护天敌。

08 螳螂（图4-8-1至图4-8-3）

属螳螂目螳螂科。俗称砍刀。种类多，分布广，我国有50多种，常见的有广腹螳螂、大刀螳螂、薄翅螳螂、中华螳螂等。

防治对象 捕食蚜虫类、蛾蝶类、甲虫类、椿象类等60多种果园害虫，食性很杂。

生活习性 北方果区1年发生1代，以卵在树枝上越冬。每年5月下旬至6月下旬孵化为若虫，8月羽化为成虫，成虫交尾后，雌成虫即将雄成虫吃掉，9月后产卵越冬。自春至秋田间均有发生，成、若虫期100~150天，其间均可捕食害虫。若虫具有跳跃捕食习性，1~3龄若虫喜食蚜虫，特别是有翅蚜，3龄以后嗜食体壁较软的鳞翅目害虫，成虫则可捕食各类虫态的害虫。螳螂食量大，1只螳螂一生可捕食害虫2000多头。其捕食有两大特点，一是只捕食活的猎物；二是即使吃饱了，见到猎物不吃也要杀死，即螳螂特有的杀死性。

利用方法 ①人工繁殖和释放。螳螂产卵后，采集产有螳螂卵的枝条，放在室内保护越冬，第二年待初孵若虫出现时，释放到果园，每亩释放200~300头。②注意化学药剂的品种选择、喷药量和喷药时期，尽量避免在杀死害虫的同时也杀死螳螂。

09 白僵菌（图4-9-1至图4-9-2）

虫生真菌，属半知菌类，是昆虫的主要病原真菌。

防治对象 可防治鳞翅目、鞘翅目、半翅目、同翅目、直翅目、膜翅目等200多种害虫的幼虫。如危害果树的桃小食心虫、桃蛀螟、刺蛾类、夜蛾类、梨虎象、柑橘卷叶蛾、拟小黄卷蛾、褐带长卷蛾、后黄卷叶蛾、荔枝蝽等。

作用机理 白僵菌菌剂一般为白色至灰白色粉状物，是白僵菌的分生孢子，国产白僵菌粉剂，每克含活孢子50亿~80亿个。菌剂喷洒到害虫体上后，菌丝穿透幼虫体壁，在体内大量繁殖，经2~3天致害虫死亡。死虫体壁坚硬，体表长满白色菌丝及孢子，称为白僵虫。虫体上的孢子随风扩散，遇到其他害虫又可传染，使害虫致病死亡。白僵菌寄主专一性强（对桃小食心虫的自然寄生率可达20%~60%），持效性强，可保护天敌，致死害虫速度虽不及化学农药效果明显，但对环境不会造成污染。

利用方法 ①用于防治桃小食心虫和蛴螬。在果园桃小越冬幼虫出土和脱果初期，以及蛴螬活动盛期，树下地面喷洒白僵菌粉每平方米8克，与25%辛硫磷微胶囊剂每平方米0.3毫升混合液，防效明显。②用白僵菌高效菌株 B-66处理地面，可使桃小食心虫出土幼虫大量感病死亡，幼虫僵死率达85.6%，并显著降低蛾、卵数量。③防治蚜虫。在蚜虫发生严重时，喷洒白僵菌制剂，感染该菌的蚜虫死后表面呈白色，症状明显。

注意 利用白僵菌制剂防治害虫，菌液要随配随用，配好的菌液应在2小时内喷完，以免孢子过早萌发，失去致病力；田间湿度大、菌剂与虫体接触，防治效果才好。

10 苏云金杆菌

属细菌。又叫 Bt，亦称“424”。另外，杀螟杆菌、青虫菌、松毛虫杆菌、

“7216”等都属于苏云金杆菌类。利用其制成的杀虫剂称为细菌杀虫剂。

防治对象 能杀死农林、果树等多种害虫，尤其对鳞翅目幼虫如刺蛾类、卷叶蛾类、桃蛀螟、桃小食心虫、枣尺蠖等防治效果好。且对草蛉、瓢虫等捕食性天敌无害。

作用机理 是目前世界上产量最大的微生物杀虫剂。已有100多种商品制剂。其制剂因采用的原料和方法不同，呈浅黄色、黄褐色或黑色粉末，每克含活孢子100亿~300亿个。可以喷雾、喷粉、泼浇或制成毒土和颗粒剂。杀虫细菌是一种好气性细菌，芽孢对高温忍耐力较强，制剂不受潮湿、保存适当可数年不丧失毒力。其杀虫机理是害虫食菌后破坏害虫的肠道，影响取食，致害虫死亡。杀虫效果对老熟幼虫比幼龄害虫好。

利用方法 ①喷雾防治桃蛀螟、刺蛾和卷叶蛾类。选择有露水的早晨或空气湿度较大的傍晚，用每克含活孢子数为100亿的菌粉300~500倍液喷雾，使用时加0.1%的洗衣粉或豆面作黏着剂，提高防治效果。②菌粉应放在干燥阴凉处保存，避免水湿、暴晒，对家蚕有毒，严禁在桑园使用。因杀虫速度比化学农药慢，施药期应稍加提前。

11 核多角体病毒

感染昆虫的病毒有三大类，即多角体病毒（NPV）、颗粒病毒和无包涵病毒，利用最多的是多角体病毒。

防治对象 感染近200种昆虫发病，主要是鳞翅目昆虫幼虫，如大袋蛾等。

利用方法 饲养健康的幼虫至3龄末时，用带病毒的饲料喂食使其感染，3天后幼虫开始死亡。将死虫收集在棕色瓶里，即制成毒剂，贮存备用。防治大袋蛾时，可在卵盛期喷布。每亩用30~50头死虫研碎，用二层纱布过滤后再用少量清水冲洗加至所需水量，每亩所用病毒制剂内加30克充分研碎的活性炭保护剂提高防效。每代需喷2~3次，相隔5~7天。防治2次的防效达84%以上，高于其他化学农药，且可以保护天敌。

12 食虫鸟类（图4-12-1至图4-12-5）

我国以昆虫为主要食料的鸟类约有600种。常见的有大山雀、燕子、大杜鹃、大斑啄木鸟、灰喜鹊、喜鹊、戴胜、黄鹂、柳莺等。

防治对象 可啄食多种农、林、果害虫，主要有叶蝉、叶蜂、蚜虫、木虱、椿象、金龟甲、蝶蛾类幼虫等，果园内所有害虫都可能被取食，对害虫的控制作用非常大。虽然鸟类也啄食成熟的果实，使果实失去食用价值，但利大于弊。

生活习性

大山雀 山区、平原均有分布，地方性留鸟，喜在果园及灌木丛中活动，善跳跃和飞翔。多在树洞、墙洞中筑巢，产卵3~5枚。食量很大，1头大山雀一天捕食害虫的数量相当于自身体重，在大山雀的食物中，农林害虫数量约占80%。

大杜鹃 夏候鸟或旅鸟，和鸽子大小相近，喜栖息在开阔的林地，以取食大型害虫为主，特别喜食一般鸟类不敢啄食的毛虫，如刺蛾等害虫的幼虫，1头成年杜鹃一天可捕食300多头大型害虫。

大斑啄木鸟 身体上黑下白，尾下呈红色。在树上活动时，一面攀登，一面以嘴快速叩树，叩树之声不绝于耳，若树上有虫，则快速啄破树皮，用舌钩出害虫吞食，主要捕食鞘翅目害虫、椿象、天牛蛀干幼虫等。食量很大，每天可取食1000~1400头害虫幼虫。

灰喜鹊 留鸟。全体灰色，灵活敏捷，善飞翔，喜在密集的果园和森林中群居和筑巢。喜食金龟子、刺蛾、蓑蛾等30余种害虫，1只灰喜鹊全年可吃掉1.5万头害虫。

保护利用 ①禁止人为破坏鸟巢，禁止捕猎、毒害鸟类。②招引鸟类。冬季在果园为食虫益鸟给饵、在干旱地区给水、在果园栽植益鸟食饵植物、在果园内设置人工鸟巢箱等，为益鸟的栖息和繁殖创造条件。③避免频繁使用广谱性杀虫剂，以免误伤鸟类。④人工饲养和驯化当地鸟类，必要时可操纵其治虫。

13 蟾蜍（癞蛤蟆）、青蛙（图4-13-1，图4-13-2）

蟾蜍是无尾目蟾蜍科动物的总称，全国各地均有分布，有300多种。青蛙是无尾目蛙科动物的总称，有650余种。蛙和蟾蜍的区别：皮肤比较光滑、身体比较苗条、善于跳跃、会游泳的称为蛙；而皮肤比较粗糙、身体比较臃肿、不善跳跃、不会游泳的称为蟾蜍。

防治对象 主要捕食蚱蜢、蝶蛾类幼虫、象鼻虫、蝼蛄、金龟甲、蚜虫等多种害虫。

生活习性 蛙和蟾蜍冬季多潜伏在水底淤泥里或烂草里，也有的在陆上泥土里越冬。从春末至秋末，白天栖息于石块下、草丛、土洞或池塘、水沟、小河内。黄昏和夜间捕食，有的昼夜均可取食，但以夜间的为多，尤其喜雨后捕食各种害虫，捕食量大，一头青蛙日捕食70多头害虫，对控制果园害虫效果明显。

利用方法 ①禁止捕食青蛙和捕捞蝌蚪。②合理使用农药，禁止使用高毒、高残留农药，保护蛙类。③有目的地饲养。当田埂边或将要断水的沟渠中有蛙卵和蝌蚪时，及时捞取，放入有水沟渠中，使蛙卵正常孵化和蝌蚪正常生长。

第5章

果园病虫草无公害综合防治

01 适宜果园使用的农药种类及其合理使用

无公害果品生产使用的农药药剂，必须是经国家正式登记的产品，不能使用有致癌、致畸、致突变的危险的或有嫌疑的药剂。

（一）允许使用的部分农药品种及使用要求

在果园无公害果品生产中，要根据防治对象的生物学特性和危害特点合理选择允许使用的药剂品种。主要种类有：

1. 植物源杀虫、杀菌素

包括除虫菊素、鱼藤酮、烟碱、苦参碱、植物油、印楝素、苦楝素、川楝素、茼蒿素、松脂合剂、芝麻素等。

2. 矿物源杀虫、杀菌剂

包括石硫合剂、波尔多液、机油乳剂、柴油乳剂、石悬剂、硫黄粉、草木灰、腐必清等。

3. 微生物源杀虫、杀菌剂

如 Bt 乳剂、白僵菌、阿维菌素、中生菌素、多氧霉素和农抗120等。

4. 昆虫生长调节剂

如灭幼脲、除虫脲、卡死克、性诱剂等。

5. 低毒低残留化学农药

（1）主要杀菌剂有5%菌毒清水剂、80%喷克可湿性粉剂、80%大生 M-45可湿性粉剂、70%甲基硫菌灵可湿性粉剂、50%多菌灵可湿性粉剂、40%氟硅唑乳油、1%中生菌素水剂、70%代森锰锌可湿性粉剂、70%乙膦铝锰锌可湿性粉剂、834康复剂、15%三唑酮乳油、75%百菌清可湿性粉剂、50%异菌脲可湿性粉剂等。

（2）主要杀虫杀螨剂有1%阿维菌素乳油、10%吡虫啉可湿性粉剂、25%灭幼脲3号悬浮剂、50%辛脲乳油、50%蛾螨灵乳油、20%杀铃脲悬浮剂、50%马拉硫磷乳油、50%辛硫磷乳油、5%尼索朗乳油、20%螨死净悬浮剂、15%哒螨灵乳油、40%蚜灭多乳油、99.1%加德士敌死虫乳油、5%卡死克乳油、25%噻嗪酮可湿性粉剂、25%抑太保乳油等。

允许使用的化学合成农药每种每年最多使用2次，最后一次施药距安全采收间隔期应在20天以上。

（二）限制使用的部分农药品种及使用要求

限制使用的化学合成农药品种主要有48%哒嗪硫磷乳油、50%抗蚜威可湿性粉剂、25%辟蚜雾水分散粒剂、2.5%三氟氯氰菊酯乳油、20%甲氰菊酯乳油、30%桃小灵乳油、80%敌敌畏乳油、50%杀螟硫磷乳油、10%歼灭乳油、2.5%

溴氰菊酯乳油、20%氰戊菊酯乳油、40%乐果乳油等。

无公害果品生产中限制使用的农药品种，每年最多使用1次，施药距安全采收间隔期应在30天以上。

（三）禁止使用的农药

在无公害果品生产中，禁止使用剧毒、高毒、高残留、致癌、致畸、致突变和具有慢性毒性的农药，主要包括：

有机磷类杀虫剂：甲拌磷、乙拌磷、久效磷、对硫磷、甲基对硫磷、甲胺磷、甲基异柳磷、特丁硫磷、甲基硫环磷、治螟磷、内吸磷、氧化乐果、磷胺、灭线磷、硫环磷、蝇毒磷、地虫硫磷、氯唑磷、苯线磷、水胺硫磷。

氨基甲酸酯类杀虫剂：克百威、涕灭威、灭多威。

二甲基甲脒类杀虫剂：杀虫脒。

取代苯类杀虫剂：五氯硝基苯、五氯苯甲醇。

有机氯杀虫剂：滴滴涕、六六六、毒杀芬、二溴氯丙烷、林丹。

有机氯杀螨剂：三氯杀螨醇、克螨特。

砷类杀虫、杀菌剂：福美胂、甲基砷酸锌、甲基砷酸铁铵、福美甲、砷酸钙、砷酸铅。

氟制类杀菌剂：氟化钠、氟化钙、氟乙酰胺、氟铝酸钠、氟硅酸钠、氟乙酸钠。

有机锡杀菌剂：三苯基醋酸锡、三苯基氯化锡。

有机汞杀菌剂：氯化乙基汞（西力生）、醋酸苯汞（赛力散）。

二苯醚类除草剂：除草醚、草枯醚。

以及国家规定无公害果品生产禁止使用的其他农药。

（四）无公害果品生产中允许和禁止使用的天然植物生长调节剂及使用要求

允许使用的植物生长调节剂及使用要求：如赤霉素类、细胞分裂素类（如苄基腺嘌呤[BA]、玉米素等），要求每年最多使用一次，施药距安全采收期间隔应在20天以上。也可使用能够延缓生长、促进成花、改善树体结构、提高果实品质及产量的其他生长调节物质，如乙烯利、矮壮素等。

禁止使用污染环境及危害人体健康的植物生长调节剂。如比久（B9）、萘乙酸、2，4-二氯苯氧乙酸（2,4-滴）等。

（五）科学合理使用农药

1. 对症施药

根据田间的病虫害种类和发生情况选择农药，防治病虫害以保护性杀菌剂为基础。

2. 适时施药

根据预测预报和病虫害的发生规律，确定使用药剂的最佳时期。

3. 使用农药要喷布均匀周到

选择合适的药械和使用方法，保证使用的农药准确、均匀、到位。

4. 严格按照农药的使用剂量使用农药

同一种类的允许使用的药剂、一个生长周期：一般保护性杀菌剂可以使用3~5次；具有内吸性和渗透作用的农药可以使用1~2次，最好只使用1次；杀虫剂可以使用1~2次，最好使用1次。

5. 严格按农药的安全间隔期使用农药

允许使用的农药品种，禁止在采收前20天内使用。限制使用的农药禁止在采收前30天内使用。如果出现特殊情况，需要在采收前安全间隔期内使用农药，必须在植物保护专家指导下采取措施，确保食品安全。

6. 严格对使用农药的安全管理

每一个生产者，必须对果园中使用农药的时间、农药名称、使用剂量等进行严格、准确的记录。

7. 严禁使用未经国家有关部门核准登记的农药化合物

8. 其他情况按国家标准《农药合理使用准则》GB/T8321（所有部分）规定执行

02 病虫害无害化综合防治

（一）病虫害防治的基本原则

病虫无公害防治的基本原则是综合利用农业的、生物的、物理的防治措施，创造不利于病虫害发生而有利于各类自然天敌繁衍的生态环境，通过生态技术控制病虫害的发生。优先采用农业防治措施，本着“防重于治”“农业防治为主、化学防治为辅”的无公害防治原则，选择合适的可抑制病虫害发生的耕作栽培技术，平衡施肥、深翻晒土、清洁果园等一系列措施控制病虫害的发生。尽量利用灯光、色彩、性诱剂等诱杀害虫，采用机械和人工以及热消毒、隔离、色素引诱等物理措施防治病虫害。病虫害一旦发生，需采用化学方法进行防治时，注意严禁使用国家明令禁止使用的农药、果树上不得使用的农药，并尽量选择低毒低残留、植物源、生物源、矿物源农药。

（二）病虫害防治的基本措施

1. 农业防治

农业防治是根据农业生态环境与病虫发生的关系，通过改善和改变生态环境，调整品种布局，充分应用品种抗病、抗虫性以及一系列的栽培管理技术，有目的地改变果园生态系统中的某些因素，使之不利于病虫害的流行和发生，达到控制病虫危害，减轻灾害程度，获得优质、安全的果品的目的。农业防治方法是果园生产管理中的重要部分，不受环境、条件、技术的限制，虽不如化学防治那样能够直接、迅速地杀死病虫，却可以长期控制病虫害的发生，大幅度减少化学药剂的使用量，有利于果园长期的可持续发展。

（1）植物检疫。植物检疫是贯彻“预防为主、综合防治”的重要措施之一，即凡是从外地引进或调出的苗木、种子、接穗、果品等，都应进行严格检疫，防止危险性病虫害的扩散。

（2）清理果园，减少病源。果园中多数病虫在病枝或残留在园中的病叶、病果上越冬、越夏，及时清理果园，可以破坏病虫越冬的潜藏场所和条件，有效地减少病害侵染源，降低害虫发生基数，可以很好地预防病害的流行和虫害的发生。秋季或早春清扫枯枝落叶，集中高温堆沤，可消灭其中越冬病菌和害虫。结合修剪，剪除病虫枝条、病芽，摘除病虫果、叶，剪除病虫枝条可以有效地防治天牛类、刺蛾类、食心虫、介壳虫等。对于病虫株残体和落在地面上的病虫果，应及时清除并高温堆沤或深埋，可以大大减少病虫的传播与危害。此外，及时清除田间杂草，不但减少杂草种子在果园的残留，亦可以大大减少害虫寄生的机会。

（3）合理整形修剪，改善果园通风透光条件。果园在密闭条件下病虫害发生严重，过于茂盛的枝叶常成为小型昆虫繁衍的有利场所。合理整形修剪，使树体枝组分布均匀，改善了树冠内通风透光条件，可以有效地控制病虫害的发生。

（4）科学施肥，合理灌溉。加强肥、水管理对提高树体抵抗病虫害能力有明显的效果，特别是对具有潜伏侵染特点的病害和具有刺吸口器害虫的抵抗作用尤其明显。施肥种类及用量与病虫害发生有密切关系，不要过量施用氮肥，避免引起枝叶徒长，树冠内郁闭，而诱发病虫发生。厩肥堆积过多，常成为蝇、蚊、蛴螬等土栖昆虫的栖息繁殖场所。因此，提倡配方施肥、平衡施肥、多施充分腐熟的有机肥、增施磷钾肥，以提高植株抗病性，增强土壤通透性，改善土壤微生物群落，提高有益微生物的生存数量，并保证根系发育健壮。此外，减少氮肥，增施磷钾肥，能增强树体对病害侵染的抵抗力。

果园湿度过大，易导致真菌类病害疫情的发生，湿度越大病害越重。而果树生长中后期灌水过多，易使果树贪青徒长，枝条发育不充实，冬季抵抗冻害的能力差。因此，果园浇水应尽量避免大水漫灌，以免造成园内湿度过大，诱发病害发生，宜尽量采用滴灌等节水措施。利用滴灌技术、覆盖地膜技术可以有效地控制园内空气湿度，防止病害的发生。遇大雨后应及时排水，避免影响果树生长和降低抵抗病虫害能力。

（5）刮树皮，刮涂伤口，树干涂白。危害果树的多种害虫的卵、蛹、幼虫、成虫，以及多种病菌孢子隐居在树体的粗翘皮裂缝里休眠越冬，而病虫越冬基数与来年危害程度密切相关，应刮除枝、干上的粗皮、翘皮和病疤，铲除腐烂病、干腐病等枝干病害的菌源，同时还可以促进老树更新生长。刮皮一般以入冬时节或第二年早春2月间进行，不宜过早或过晚，以防止树体遭受冻害以及失去除虫治病的作用。幼龄树要轻刮，老龄树可重刮。操作动作要轻，防止刮伤嫩皮及木质部，影响树势。一般以彻底刮去粗皮、翘皮，不伤及白颜色的活皮为限。刮皮后，皮层集中烧毁或深埋，然后用石灰水涂白剂，在主干和大枝伤口处进行涂白，既可以杀死潜藏在树皮下的病虫，还可以保护树体不受冻害。石灰涂白剂的配制材料和比例：生石灰10千克，食盐150～200克，面粉400～500克，加清水40～50千克，充分溶化搅拌后刷在树干伤口处，以不流淌、不起疙瘩为度。由虫伤或机械伤引起的伤口，是最容易感染病菌和害虫喜欢栖息的地方，应将腐皮朽木刮除，用刀削平伤口后，涂上5波美度石硫合剂或波尔多液消毒，促进伤口早日愈合。

（6）刨树盘。刨树盘是果树管理的一项常用措施，该措施既可起到疏松土壤、促进果树根系生长作用，还可将地表的枯枝落叶翻于地下，把土中越冬的害虫翻于地表。

（7）树干绑缚草绳，诱杀多种害虫。不少害虫喜在主干翘皮、草丛、落叶中越冬，利用这一习性，于果实采收后在主干分枝以下绑缚3～5圈松散的草绳，诱集消灭害虫。草绳可用稻草或谷草、棉秆皮拧成，绑缚要松散，以利于害虫潜入。

（8）人工捕虫。许多害虫有群集和假死的习性，如多种金龟子有假死性和群集危害的特点，可以利用害虫的这些习性进行人工捕捉。再如黑蝉若虫可食，在若虫出土季节，可以发动群众捕而食之。

（9）园内种植诱集作物，诱集害虫集中危害而消灭。利用桃蛀螟、桃小食心虫对玉米、高粱趋性更强的特性，园内种植玉米、高粱等，诱其集中危害而消灭。

（10）园内放养鸡、鸭等家禽，啄食害虫，减轻危害。

2. 物理防治

是根据害虫的习性而采取防治害虫方法。

（1）灯光诱杀（图5-1-1，图5-1-2）。①黑光灯诱杀。常用20瓦或40瓦黑光灯管做光源，在灯管下接一个水盆或一个广口瓶，瓶中放些毒药，以杀死掉落的害虫。此法可诱杀晚间出来活动的害虫，如桃蛀螟、黄刺蛾、茎窗蛾成虫等。②频振式杀虫灯。利用大多数害虫晚上有趋光的特性，运用光、波、色、味4种诱杀方式杀灭害虫，它的主要元件是频振灯管和高压电网，频振灯管能产生特定频率的光波，引诱害虫靠近，高压电网缠绕在灯管周围能将飞来的害虫杀死或击昏，即近距离用光，远距离用波、黄色光源、性信息等原理设计的杀虫灯，以达到防治害虫的目的。

频振式杀虫灯使用方法：可利用路两旁的电线杆或吊挂在牢固的物体上。灯间距离180~200米，离地面高度1.5~1.8米，呈棋盘式分布，挂灯时间为5月初至10月下旬。接通电源，按下开关，指示灯亮即进入工作状态。

（2）糖醋液诱杀。许多成虫对糖醋液有趋性，因此，可利用该习性进行诱杀。方法是在成虫发生的季节，将糖醋液盛在水碗或水罐内制成诱捕器，将其挂在树上，每天或隔天清除死虫。糖醋液的制备方法：酒、水、糖、醋按1∶2∶3∶4的比例，放入盆中，盆中放几滴农药，并不断补足糖醋液。

（3）黏虫板诱杀害虫（图5-2-1）。利用昆虫的趋黄性诱杀害虫，可防治潜蝇成虫、粉虱、蚜虫、叶蝉、蓟马等小型昆虫；而蓝色板诱杀叶蝉效果更好，配以性诱剂可扑杀多种害虫的成虫。

黏虫板制作方法：购买黏虫纸，或用柠檬黄色塑料板、木板、硬纸箱板等材料，大小约20厘米×30厘米，先在板两面涂抹柠檬黄色油漆后，再均匀涂上一层黏虫胶或黄油、机油即可。

挂板方法及时间：于4月初至10月下旬挂板。田间用竹（木）细棍支撑固定，每亩均匀插挂20块黄板，呈棋盘式分布，高度比植株稍高，太高或太低效果均较差。当纸或板上粘虫面积占板表面积的60%以上时更换，板上胶不黏时及时更换。为保证自制黄板的黏着性，需1周左右重新涂1次。悬挂方向以板面东西方向为宜。

（4）树干缠粘虫带。利用害虫在树干上爬行，上树为害、下树栖息或化蛹等习性，在树干上缠普通塑料带或缠上涂有粘虫胶、黄油、机油的塑料胶带，设置阻截障碍，达到杀灭害虫的目的，对防治尺蠖类害虫及一些频繁上下树的害虫防治效果很好，减少了用药，又避免了对人、益虫、鸟类、环境造成的危害和污染（图5-3-1至图5-3-3）。

（5）涂捕虫圈（图5-4-1）。用捕虫胶在树干与树杈交界处，涂一圈，宽3~4厘米，捕杀天牛效果好：天牛产卵前在树的枝干多次来回爬行找适宜产卵的地方。一般选择斜着向上光滑部位，用嘴扒开树皮长约1.5厘米、宽约0.8厘米的小穴，将一粒卵产入，再用树皮盖住，产一粒卵换一个地方。在树干上涂几道捕虫圈，捕杀天牛的效率非常高，将天牛等害虫消灭在产卵之前，使林果类树体少受危害。

（6）高浓度虫胶、黏鼠板捕鼠。鼠害重的果园在老鼠经常出没走道上，放置黏鼠板或摊一小块高浓度虫胶，又不引起老鼠注意。老鼠通过时踩上就被粘住。

（7）防虫网（图5-5-1）。通过覆盖在棚架上的防虫网，构建人工隔离屏障，将害虫拒之网外，切断害虫传播途径，有效控制被保护地各类害虫的发生危害和与害虫传播有关的病害发生，减少了果园化学农药的施用，并具有抵御暴风、雨冲刷和冰雹侵袭等自然灾害的功能，是一种简便、科学、有效的防虫、防病措施。防虫网的孔径，以20~32目为宜，好的防虫网，正确使用和保管可利用3~5年。

（8）性外激素诱杀（图5-6-1，图5-6-2）。昆虫性外激素是由雌成虫分泌的用以招引雄成虫来交配的一类化学物质。通过人工模拟其化学结构合成的昆虫性外激素已经进入商品化生产阶段。性外激素已明确的果树害虫种类有30多种。目前国内外应用的性外激素捕获器类型有5大类20多种。如黏着型、捕获型、杀虫剂型、电击型和水盘型。我国在果树害虫防治上已经应用的有桃蛀螟、桃小食心虫、桃潜蛾、梨小食心虫、苹果小卷叶蛾、苹果褐卷叶蛾、梨大食心虫、金纹细蛾等昆虫的性外激素。捕获器的选择要根据害虫种类、虫体大小、气象因素等，确定捕获器放置的地点、高度和用量。①利用性外激素诱杀。在果园放置一定数量的性外激素诱捕器，能够诱捕到雄成虫，导致雌、雄成虫的比例失调，减少了自然界雌、雄虫交配的机会，从而达到治虫的目的。②干扰交配（成虫迷向）。在果园内悬挂一定数量的害虫性外激素诱捕器诱芯，作为性外激素散发器。这种散发器不断地将昆虫的性外激素释放到田间，使雄成虫寻找雌成虫的联络信息发生混乱，从而失去交配的机会。在果园的试验结果表明，在每亩内栽植110棵果树的情况下，每棵树上挂3~5个桃小食心虫性外激素诱芯，能起到干扰成虫交配的作用。打破害虫的生殖规律，使大量的雌成虫不能产下受精卵，从而极大地降低幼虫数量。

（9）水喷法防治。在果树休眠期（11月中下旬）用压力喷水泵喷枝干，喷到流水程度，可以消灭在枝干上越冬的介壳虫。

（10）果实套袋（图5-7-1至图5-7-3）。果实套袋栽培是近几年我国推广的优质果品技术。果实套袋后，既能增加果实着色、提高果面光洁度、减少裂果，还能防止病菌和害虫直接侵染果实，减少农药在果品中的残留。目前国内用于果实套袋用袋按材质分主要有塑料薄膜袋、白色木浆纸袋、无纺布袋、双层纸袋等。

3. 生物防治

运用有益生物防治果树病虫害的方法称为生物防治法。生物防治是进行无公害果品生产、有效防治病虫害的重要措施。在果园自然环境中有数百种有益天敌昆虫资源和能促使果树害虫致病的病毒、真菌、细菌等微生物。保护和利用这些有益生物，是果品病虫无公害防治的重要手段。生物防治的特点是不污染环境，对人、畜安全无害，无农药残留，符合果品无公害生产的目标，应用前景广阔。但该技术难度较大，研究和开发水平较低，目前应用于防治实践的有效方法还较少。各果园可以因地制宜，选择适合自己的生物防治方法，并与其他防治方法相结合，采取综合治理的原则防治病虫害。

（1）利用寄生性天敌昆虫防治虫害（图5-8-1）。寄生性昆虫活动特点，是以雌成虫产卵于寄主体内或体外，以幼虫取食寄主的体液摄取营养，从而导致寄主（害虫）死亡。而它的成虫则以花粉、花蜜等为食或不取食。除了成虫以外，其他虫态均不能离开寄主而独立生活。果园害虫天敌主要有：寄生卷叶虫的中国齿腿姬蜂、卷叶蛾瘤姬蜂、卷叶蛾绒茧蜂；寄生梨小食心虫的梨小蛾姬蜂、梨小食心虫聚瘤姬蜂；寄生潜叶蛾、刺蛾的刺蛾紫姬蜂、刺蛾白跗姬蜂、潜叶蛾姬小蜂等寄生蜂类。寄生鳞翅目害虫幼虫和蛹的寄生蝇类，如寄生梨小食心虫的稻苞虫赛寄蝇、日本追寄蝇；寄生天幕毛虫的天幕毛虫追寄蝇、普通怯寄蝇等。

（2）利用捕食性天敌昆虫防治害虫。捕食性天敌昆虫靠直接取食猎物或刺吸猎物体液来杀死害虫，致死速度比寄生性天敌快得多。如捕食叶螨类的深点食螨瓢虫、腹管食螨瓢虫、大草蛉、中华通草蛉、食蚜瘿蚊等；捕食蚜虫的七星瓢虫；捕食介壳虫的黑缘红瓢虫、红点唇瓢虫等。此外，还有螳螂、食蚜蝇、食虫椿象、胡蜂、蜘蛛等多种捕食性天敌，抑制害虫的作用非常明显。

（3）利用食虫鸟类防治虫害。鸟类在农林生物多样性中占有重要地位，它与害虫形成相互制约的密切关系，是害虫天敌的重要类群。我国以昆虫为主要食料的鸟有600多种，如大山雀、大杜鹃、大斑啄木鸟、灰喜鹊、家燕、黄鹂等主要或全部以昆虫为食物，对控制害虫种群作用很大。

（4）利用病原微生物防治病虫害。①利用病原微生物防治害虫。在自然界中，有一些病原微生物，如细菌、真菌、病毒、线虫等，在条件合适时能引发害虫流行病，致使害虫大量死亡。利用病原微生物防治虫害主要有细菌、真菌、病毒三大类制剂。②利用病原微生物防治病害。主要是利用某些真菌、细菌和放线菌对病原菌的杀灭作用防治病害。方法是直接把人工培养的抗病菌施入土壤或喷洒在植物表面，控制病菌发育。目前国外已制成对部分病原微生物有抑制作用的微生物产品，如美国生产的防治根癌病的放射性土壤杆菌菌系 K84，应用效果显著。国内也已分离了一些菌株。在土壤中多施用有机肥，促进多种天然存在的抗生菌的大量繁殖，可有效防治果树根系病害，也是利用病原微生物防治病害的可行措施。

目前国内应用病原微生物防治病虫害的制剂主要有苏云金杆菌、白僵菌制剂、病原线虫。

（5）利用昆虫激素防治害虫。对危害相对简单的关键害虫，以及对世代较长、单食性、迁移性小、有抗药性、蛀茎蛀果害虫更为有效。昆虫激素主要有保幼激素、蜕皮激素、性信息激素三大类。其杀虫机理是使害虫生长发育异常而死亡。利用性外激素不仅可以诱杀成虫、干扰交配，还可根据诱虫时间和诱虫量指导害虫防治，提高防效。

4. 化学防治

使用化学药剂防治病虫害具有作用迅速、见效快、方法简便的特点，在现阶段果品生产中仍具有不可替代的作用。然而化学药剂的长期使用，存在着引起害虫抗性、污染环境、减少物种多样性、在果品中残留有危害人体健康有毒物质等多方面的副作用。尤其随着人民生活水平的提高，消费者越来越注重食品安全问题，如何科学合理、正确的使用化学药剂，生产无公害果品日益受到重视。

无公害果品生产并非完全禁止使用化学药剂，使用时应当遵守有关无公害果品生产操作规程和农药使用标准，合理选择农药种类，正确掌握用药量。加强病虫测报工作，经常调查病虫发生情况，选择有利时机适时用药。选择对人、畜安全、不伤害天敌、不污染环境、同时又可以有效杀死有害病虫的农药品种。严禁使用一切汞制剂农药以及其他高毒、高残留、致畸、致癌、致残农药，严禁使用未取得国家农药管理部门登记和没有生产许可证的农药。

参考文献

1. 冯玉增,张存立,张卫东. 石榴病虫草害鉴别与无公害防治[M]. 北京:科学技术文献出版社,2009.

2. 吕佩珂,等. 中国果树病虫原色图谱[M]. 2版. 北京:华夏出版社,2002.

3. 邱强. 中国果树病虫原色图鉴[M]. 郑州:河南科学技术出版社,2004.

4. 许志宏,蒋平. 板栗病虫害防治彩色图谱[M]. 杭州:浙江科学技术出版社,2001.

5. 北京农业大学. 果树昆虫学:下册[M]. 北京:农业出版社,1981.

6. 王国平,窦连登. 果树病虫害诊断与防治原色图谱[M]. 北京:金盾出版社,2002.

7. 张玉聚,武予清,崔金杰. 中国农业病虫草害原色图解[M]. 北京:中国农业科学技术出版社,2008.